参加型
ネットワークの
ビジネスモデル

Constructing a Potluck Network

シェアリングを
成功に導く
優先度概念

藤井資子

Fujii Yoriko 著

同文舘出版

はじめに

　シェアリングエコノミーという言葉が流行している。カーシェアリングや，自転車のシェアリングのみならず，自動車配車サービスのUberでは，自家用車の空き時間の稼働が可能になった。また，民泊や旅先での体験予約サイトのAirbnbというプラットフォーム上で，アパートや自宅など，空いているスペースを他人とシェアすることも容易になった。

　シェアリングエコノミーは，様々な意味で使われているが，大きく分けると，①資産を専有させずに多くの利用者で使う共同利用の側面と，②消費者が自ら持っているものを他人のために供する資源持ち寄りの参加型経済の側面がある。これらを総合してシェアリングエコノミーと呼んでいると理解してもよいだろう。

　情報化が進展して，細かな単位でのサービス需要と供給のマッチングや，物の状況把握がしやすくなってきたことによって，爆発的に伸びているネットワーク社会ならではの現象と言える。

　基盤となる通信インフラの研究をしてきた筆者にとって，シェアリングエコノミーをそのようなものとして理解したときに，それが通信インフラそのものの歴史と重なって見えてくる。通信インフラは，旧世代ネットワークといえる電話ネットワークの頃から，共通の通信基盤を多数の利用者で活用する共同利用型のサービスであった。さらに，インターネットが登場することで，利用者や地域オペレーターが自らの用途で構築したインフラを他者のネットワークと相互接続し，資源を持ち寄りあう参加型経済の両側面を兼ね備えている。つまり，通信インフラそのものが（少なくともネットワーク社会における）シェアリングエコノミーの元祖だと言えるのだ。

　そうであるならば，通信インフラ事業において，技術や政策がいかに参加型の経済を生み出すに至ったかを分析することは，単なる一産業の分析を超

えて，ネットワーク経済の本質を浮き彫りにする作業となるであろう。

本書はそのような視点で，筆者の長年の研究を「参加型ネットワーク」の構築と運営という視点で再構成したものである。

具体的には，本書は，情報通信産業におけるユニバーサルサービスを，参加型ネットワークで構築する方法論を研究するものである。参加型ネットワークという概念を取り入れることで，ベンチャーなど，従来，固定資産が大きく参入するのが難しかった情報通信産業に，資本の小さな企業も参入が可能となる。

通信設備を共同利用する情報通信産業は，もともとシェアリングエコノミーの要素を持っている。参加型ネットワークの構築方法を提案することで，利用者だけではなく，インフラの所有者や運営体制までもシェアリングとなってきた歴史を辿ることは，現在，そして未来を語るうえで大きな意味があろう。情報通信産業では，混雑度合いを増すネットワークをめぐり，「ネットワークの中立性」に関する議論が長年行われてきた。最近になって，米国でネットワークの中立性を担保していた規制が撤廃され，事業者間相互接続において，特に大きなトラヒックを生じさせるアプリケーションに割増料金の概念を課すことが可能とする旨の発表があったことを機にネットワーク構築費用回収の在り方に目が向けられている[1]。混雑問題やコスト負担問題も，共同利用には欠かせない解決すべき課題である。

ここで，参加型ネットワークでは，33頁にあるように，「ユーザサイドもサプライサイドも価値創造プロセスに参加するネットワーク」であり，「参加型ネットワークは，ユーザサイド，サプライサイドの多くの主体が利用可能な条件で，利用機会が広く公に開かれているオープン・アクセス・サービスの一形態として位置付けられる」とする。

---

1) 東洋経済ONLINE [2017]「米国騒然！『ネット中立性』撤廃の真の恐怖：コンテンツによって通信速度が変わる？」（1月7日）〈http://toyokeizai.net/articles/-/199000?page=3〉（閲覧日：2018年1月7日）。

本書では，序章で，「参加型ユニバーサルサービスの設計」について，考察する。そのうえで，第1章で技術進歩によって，同一インフラへの複数サービスの相乗りが可能になったことを勘案し，「参加型ネットワークのビジネスモデル」を構築するうえでの優先度の概念を検証する。第2章では，「参加型ネットワーク」に関連する様々な理論をレビューし，「優先度概念」の導入可能性について検討する。第3章では，「研究手法と調査概要」について述べ，リサーチ・クエスチョンを提示する。第4章から第6章では，「調査設計と調査結果」について述べる。具体的には，第3章で示したリサーチ・クエスチョンごとに調査設計を示し，結果を述べる。第7章では，まとめとして，「参加型ネットワークのビジネスモデル」に関する研究の「可能性と限界」について考察する。終章では，「いろいろなモノがネットワークにつながる世界」で，つながらない自由について考察する。

本書は，2003年度の慶應義塾大学大学院経営管理研究科の修士論文，2009年度の慶應義塾大学大学院政策・メディア研究科の博士論文を元にしている。情報通信に関する技術の変遷や法制度の歴史を理解していただく意味で，当時の記述を残すようにした。

また，本書は，熊本県立大学の出版助成を受けている。ここに感謝の意を表する。

2018年2月

藤井　資子

目 次

はじめに　*i*

序章　参加型ユニバーサルサービスの設計

1　ユニバーサルサービスとは……2
2　ユニバーサルサービスをめぐる理論検討……3
3　参加型ユニバーサルサービスの設計原理……5
（1）ユニバーサルサービスが実現すべき目的……5
（2）ユニバーサルサービスとして求められる通信仕様……6
（3）現在のテクノロジーで参加型ユニバーサルサービスを考える……9
4　ベンチャーを活用したブロードバンド参加型ユニバーサルサービス実現の可能性……13
（1）事例研究（2003年度当時）……14
（2）調査1：関西ブロードバンド株式会社および兵庫県津名郡淡路町について……15
　①関西ブロードバンド株式会社の事業展開方法　15
　②兵庫県津名郡淡路町における関西ブロードバンド株式会社との連携によるブロードバンド通信環境整備　17
（3）調査2：ワイコム株式会社および北海道紋別郡上湧別町について……19
　①ワイコム株式会社の事業展開方法　19
　②北海道紋別郡上湧別町におけるワイコム株式会社との連携によるブロードバンド通信環境整備　21
（4）分析：ベンチャー企業を活用した通信基盤整備の成立要件……22

第Ⅰ部　理論編

第1章　参加型ネットワークのビジネスモデル
―― 複数アプリの相乗りモデル ――

1 参加型ネットワーク ………………………………………………… 33
2 ユーザによる価値創造 ……………………………………………… 36
3 ユーザによる価値創造と混雑問題 ………………………………… 42
4 ユーザによる価値創造とデジタル・デバイド …………………… 44
5 ユーザサイドとサプライサイドの調和 …………………………… 46
6 異種アプリケーションの同一基盤への相乗り …………………… 48
7 優先度概念の導入可能性 …………………………………………… 50

第2章　参加型ネットワークと優先度概念

1 オープン・アクセス財 ……………………………………………… 58
2 オープン・アクセス・サービスとしての参加型ネットワークの特性 …………………………………………………………………… 62
 （1）ユーザによる価値創造 ………………………………………… 62
 （2）レイヤー間分業による供給主体の多様化 …………………… 66
  ①通信のデジタル化とレイヤー間分業　66
  ②通信のデジタル化とサービス提供主体の多様化　66
  ③物理インフラのネットワークの外部性の低下　68

④通信のデジタル化によるレイヤー間分業の進展とデジタル・デバイドの拡大　70
　（3）異種アプリケーションの同一設備への相乗り……………………………… 72
　　①IP通信と通信サービスの設備被拘束性　72
　　②デジタル化，IP化による汎用性の高いネットワークの出現　73

3　料金体系への優先度概念の導入可能性……………………………… 74
　（1）料金設計：企業による価格の決定要因 ……………………………… 74
　（2）オープン・アクセス・サービスの料金体系 ………………………… 75
　（3）オープン・アクセス・サービスとしての電気通信の料金体系：
　　　電話とインターネット …………………………………………………… 78
　（4）インターネット接続料金設定に関する研究 ………………………… 82

4　通信の優先度を基準とした料金モデルの模索 ………………… 86
　（1）相乗りモデルの設計コンセプト ……………………………………… 87
　（2）相乗りモデルのコンセプトを料金体系として
　　　具体化するためのツール ………………………………………………… 89

第Ⅱ部　実証編

第3章　研究手法と調査概要

1　研究手法 ……………………………………………………………………… 98
2　調査概要 ……………………………………………………………………… 99

第4章　調査設計と調査結果
RQ1：レイヤー間分業形態の分類と提供アプリケーションとの関係

1 **調査設計（RQ1-1）：レイヤー間分業形態の分類** ……… *106*

2 **調査結果（RQ1-1）：レイヤー間分業形態の分類** ……… *108*

3 **調査設計（RQ1-2）：**
   レイヤー間分業形態と提供アプリケーションとの関係 … *111*

4 **調査結果（RQ1-2）：**
   レイヤー間分業形態と提供アプリケーションとの関係 … *117*

（1）調査事例の概要 ……………………………………………………………… *117*
　①アクセス回線に光ファイバを用いている場合　*117*
　②アクセス回線に同軸ケーブルを用いている場合　*119*
　③アクセス回線に銅線（ADSL）を用いている場合　*119*
　④アクセス回線に無線（FWA・公衆無線LAN）を用いている場合　*120*

（2）アクセス回線の設備投資額と整備・運営形態との関係：
　　第1段階の事例研究 ……………………………………………………… *121*

（3）提供アプリケーションの設備被拘束性と整備・運営形態との関係：
　　第2段階の事例研究 ……………………………………………………… *123*

（4）提供アプリケーションの設備被拘束性と整備・運営形態の関係に関する
　　追加調査：第2段階の事例調査 ………………………………………… *125*

（5）レイヤー間分業形態と提供アプリケーションの関係：
　　RQ1（RQ1-1，RQ1-2）に関する事例研究の分析と討論 ……………… *125*

第5章 調査設計と調査結果
RQ2：異種アプリケーションの同一基盤への相乗り事例調査

1 調査設計1：異種アプリケーションの端末への相乗り … *131*

2 調査結果1：異種アプリケーションの端末への相乗り … *131*

（1）10373.comにおけるWebカメラの多目的利用 …………………………… *131*

（2）10373.comにおけるWebカメラの多目的利用の技術的側面 ………… *133*

（3）10373.comにおけるWebカメラの多目的利用の
　　　ビジネスモデル的側面 ………………………………………………………… *134*

3 調査設計2：
　　 異種アプリケーションの伝送路への相乗り ……………………… *136*

4 調査結果2：
　　 異種アプリケーションの伝送路への相乗り ……………………… *139*

第6章 調査設計と調査結果
RQ3：通信料金への優先度概念導入効果の検証

1 調査設計：通信料金への優先度概念導入効果の検証 ……… *142*

（1）通信の優先的取扱権の定義 ………………………………………………………… *143*

（2）通信の優先的取扱権をコストシェア基準とする料金体系案 …………… *147*

（3）異種アプリケーション相乗り基盤の運用体制 ………………………………… *150*

（4）藤沢市におけるWiMAX展開計画に基づく試算 …………………………… *151*

　　①優先度概念導入による効果検証　　*155*

　　②非常時に「わがまま通信」が相乗りすることによる効果検証　　*165*

2 議論 …………………………………………………………………………………………… *170*

3 RQ1〜RQ3に関するまとめと討論 ……………………… 175

第7章　参加型ネットワークのビジネスモデルの可能性と限界

（1）参加型ネットワークのビジネスモデルの可能性 ……………… 182
（2）参加型ネットワークのビジネスモデルの限界 ………………… 183
参考資料1　RQ1，RQ2の調査事例詳細 ………………………… 184
参考資料2　藤沢市の統計データ ………………………………… 185

終章　いろいろなモノがネットワークにつながる世界
──共有と共用そして，つながらない自由──

1 共用と共有 …………………………………………………… 190
2 つながらない自由を求めて ………………………………… 194

謝辞 ……………………………………………………………………… 195
参考文献 ………………………………………………………………… 197

参加型ネットワークのビジネスモデル
― シェアリングを成功に導く優先度概念 ―

序章

参加型ユニバーサルサービスの設計

本章は，通信技術の進歩による競争環境の変化や需要動向の変化の中で，いかなる原理で通信インフラをすべての人が利用できるユニバーサルサービスとして構築・運営することが可能となるのかを研究したことに出自がある。特に関心があったのが，競争的な通信インフラ構築の中で置き去りにされがちな過疎地域（不採算地域）における通信事業のビジネスモデルの未来である。課題解決に向けた1つの可能性としてのベンチャーを活用したブロードバンド通信環境整備事例を調査・分析する。技術進歩が著しい中，社会的基盤の1つである通信インフラ整備を行っていくためにベンチャーが果たし得る役割を提示する。すなわちベンチャーやユーザーである地域がインフラ資源を持ち寄って相互接続し合う「参加型」ネットワーク形成によるユニバーサルサービスの実現である。具体的には，競争環境下において地域特性に合致した技術選択と，官民連携による運営方式によって民間企業の創意工夫を活かしながら通信基盤整備を行っている事例の成立要件について検討を行った。

　本章では，1節で，ユニバーサルサービスについて解説し，2節ではユニバーサルサービスをめぐる理論検討を行う。そして，3節で参加型ユニバーサルサービスの設計原理を示し，4節でベンチャーを活用したブロードバンド通信インフラ整備の可能性について述べる。

　そのうえで，第1章以降で，技術進歩によって，同一インフラへの複数サービスの相乗りが可能になったことを勘案し，参加型ネットワークのビジネスモデルを構築するうえで優先度概念の有効性を検証する。

ユニバーサルサービスとは

　ユニバーサルサービスは，全国どこに住んでいても，誰でもが，利用しやすい一律の料金で利用できる通信サービスのことを指す。一般通話，緊急通報（110番，119番，118番），公衆電話がこれにあたり，最終的な提供義務は

NTT東西地域会社が負っている。ユニバーサルサービスは採算性の良い地域およびサービスから採算性の悪い地域およびサービスへの内部相互補助の仕組みに支えられてきた。

　アナログからデジタルへという通信技術の進歩により，通信網への部分参入が可能になった。1985年の通信自由化以来続いてきた料金値下げ競争と新規参入事業者によるクリームスキミング[1]により，採算地域やサービスにおける収益性も低下し，内部相互補助の仕組みの有為性が薄れてきた。2002年にはユニバーサルサービス提供にかかる財源を担保するため，基金制度が導入された。その一方で，NTT東西地域会社は固定電話への需要減を理由に電話網への新規設備投資を取りやめ，IP通信分野への投資にシフトしている[2]。既存の電話網の維持・運用にもいつの日か限界がくる。電話網の維持が困難になった場合に，不採算地域であるためNTT東西地域会社以外の通信事業者がサービス提供していない過疎地域において，ライフラインとしての通信を確保することが課題となる。

　電話網の維持が困難になる前に，ライフラインとしての参加型ユニバーサルサービスについて考えておく必要がある。その際，技術進歩により複数の通信手段が出現し，インターネット接続や携帯電話やスマートフォンによる通話・通信も生活必需品としての存在を大きくしつつあることから，ユニバーサルサービスの内容拡充が必要となろう。さらに，技術進歩の速度が著しいことを鑑みるに，これに柔軟に対応し得る制度設計が重要となる。

2 ユニバーサルサービスをめぐる理論検討

　かつて過疎地域の通信インフラは，国によって民間，国営といった提供主

---

[1] 規制下で内部相互補助が容認されていた産業において，規制緩和が実施された状態で，新規企業が高収益地域ないし高収益サービス分分野だけに参入すること。（植草［2000］，211ページ。）
[2] NTT［2004］「個人投資家様向け会社説明会」6月，7ページ。

体の違いはあるものの，独占企業体により内部相互補助の仕組みを利用しながら構築・運営が行われてきた。その根拠となったのが，電話ネットワークに存在する「ネットワークの外部性」（Wenders［1987］）である。これは，あるネットワークへの加入者が多くなるほどそのネットワークを利用する便益が高まるというものである。また，ネットワーク加入に関する意思決定に際しては，加入にかかる費用と得られる便益との関係が考慮される。そして，ネットワークの場合，その便益は通話相手が同じネットワークに加入している場合にのみ実現されるため，一般的な商品やサービスとは異なり，その便益を購入者自身による評価で一義的に決めることが難しい。つまり，ネットワークへの加入は常に他者との需要の相互依存関係で決定される（Rohlfs［1974］，林紘一郎［1998］）。

　我が国における公益事業に関する議論では，北［1974］が，公益企業が事業を行うには特殊な大規模設備が必要であり，公益企業が提供するサービスはその設備との密接な関わりにおいてのみ可能であることという「設備被拘束性」に言及している。物理層への被拘束性が高い電話に比べ，インターネット・プロトコルを用いた通信は，従来の電話と異なり，光ファイバ，同軸ケーブル，無線，銅線，どの物理層であっても通信を行うことが可能であり，この設備被拘束性が薄れてきていると言える。また，通信のデジタル化により通信網のアンバンドル[3]が可能となり，通信市場への部分的参入が可能になった結果，アナログ時代の電話網のような単一の巨大なネットワークを有しなくとも相互接続によって通信サービスを行うことが可能になった。そのため，電気通信ネットワークは全国規模の単一ネットワークから，細分化された小規模ネットワークが相互に接続しあうものへと姿を変えてきている。これにより惹起されたことが2つある。第一に，従来NTTの全国規模の電話ネットワークが持っていたネットワークの外部性に起因する効果が外部に流出するようになり，内部相互補助の仕組みの有為性が薄れてきたことであ

---

[3] 従来，1社が保持していた電気通信設備が，細かな要素に細分化されたこと（KDDIホームページ「用語集／アンバンドル」〈http://www.kddi.com/yogo〉）。

る。第二に，ネットワークの外部性が働かない市場が出現してきたことである。

　また，自然独占性があり，独占ないしは寡占が維持されているように見える市場であっても，埋没費用（サンク・コスト）が大きくないため新規事業者の参入可能性がある市場が存在するとするコンテスタビリティの理論（Baumol, et al.［1982］）によれば，採算面の問題から民間による競争的サービス提供が難しいと考えられている条件不利地域であっても，参入・撤退障壁（サンク・コスト）を下げることができれば大手通信キャリアのみならずベンチャーも含めた民間事業者によって競争的にサービス提供を行う余地があると言える。

参加型ユニバーサルサービスの設計原理

（1）ユニバーサルサービスが実現すべき目的

　ユニバーサルサービスが実現すべき目的は，実際のところは政治的過程を経て決定されるものであるが，根源的には，国民生活に不可欠なライフラインとして，また，「生存権」や「表現の自由」を現実するために存在するべきである。

　「生存権」は憲法25条において，国民が健康で文化的な最低限度の生活を営む権利として保障されている。また，「表現の自由」は憲法21条に規定されており，憲法はこれを現代民主主義国家の最も重要な基本的人権の1つとして尊重している。なぜならば，国民が自由に自分の意見を表明することにより，あらゆる事実や意見を知り，自らの意見を正しく形成することができるからである。したがって，話したり書いたりする自由とともに，知る自由，読む自由，聞く自由も憲法によって保障されていると考えられている（憲法教育普及協議会［1987］）。

国民生活に不可欠なライフラインとしては，居住地を問わず，一定品質の通信サービスが利用しやすい料金で提供されなければならない。都市部と過疎地域における通信環境の格差是正という観点からもこの問題を考える必要がある。

　そこで，①固定電話網の衰退を鑑みた国民生活に不可欠なライフラインとしての通信確保，②技術進歩を加味したユニバーサルサービスの範囲の拡大，2つの観点から技術進歩に柔軟に対応し得る次世代ユニバーサルサービスの設計原理を提案する。

（2）ユニバーサルサービスとして求められる通信仕様

　技術進歩が著しいことから，特定の通信手段をもってユニバーサルサービスを実現すると決めたとしても，その技術の陳腐化が速いことが予測される。また，複数の通信事業者によって多様なサービスが提供されるようになってきたことから，特定の事業者が提供する特定の通信サービスをもってユニバーサルサービスを実現することが効率的とは言い難くなってきた。

　一方，既存のユニバーサルサービスを見直すとなると，膨大な時間と労力を要する。1994年，郵政省（現総務省）に研究会が設置されて以来，いくつかの研究会が発足し，ユニバーサルサービスに関する議論が行われてきた。高度情報化社会の到来とともに，ユニバーサルサービスの範囲を電話のみから，移動体通信や高速インターネット接続を含むものにまで拡大すべきであるとの見解は一貫して示されるもの，実施に向けた具体的検討に至ってはいない。ユニバーサルサービスが特定の通信手段に依拠して設計されている限り，通信技術の進歩に伴いユニバーサルサービスの見直しを迫られる際には，膨大な時間と労力を要することが予測される。したがって，今後は技術進歩に柔軟に対応し得る制度設計を行うことが重要となろう。

　そこで，特定の通信手段をもってユニバーサルサービスとするのではなく，通信が行われる状況ごとにユニバーサルサービスとして求められる通信仕様

（回線交換・パケット交換の別，帯域保証・ベストエフォート[4]の別等）をあらかじめ決め，その通信仕様を満たす通信手段の組み合わせでユニバーサルサービスを実現することを提案する。

通信が行われる状況と通信内容は，次の4つに分類することができる。

	通常通信	緊急通信
平常時	I	II
異常時	III	IV

異常時とは，震災等の大災害発生時のような通常と異なるイベントが発生した状態のことを指し，平常時とはそれ以外の状態のことを指す。緊急通信とは，警察・消防への緊急通報を行うための通信のことを指し，通常通信とはそれ以外の通信のことを指す。

平常時・異常時の緊急通信（II・IV）については，その利用の形態から，同時的な音声通信で，かつ通話中に回線が途切れることのないよう帯域が保証されていることが望まれる。したがって，回線交換方式で帯域保証型の音声通信が主体になる。

回線交換方式では，通信相手端末との間で1対1の通信路を確立し，その回線は通信終了時まで専有できるため，ネットワークの混雑状況に関係なく通信品質を保つことが可能である。しかし，データが流れていない時（例えば電話で双方とも無言の時）でも通信路を確保し続けるため，回線の利用効率は低くなる。固定電話，携帯電話・PHSによる音声通話が回線交換方式の通信サービスに分類される。

異常時の通常通信（III）については，震災時を例にとると，被災地内外からの安否確認呼，被災地への「おみまい呼」，災害情報取得のための通信等

---

[4] 提供者側は品質について「最大限の努力」はするが，結果に関して保証や損害の補償などは行わないとする方式のこと 〈http://e-words.jp/w/VoIP.html〉。

がこれにあたる。これは緊急通報の場合と異なり，必ずしも同時的な音声通信によって行われる必要はなく，メール，Webサイト上の情報源へのアクセス等，パケット交換方式によるデータ通信で代替可能な部分が多い。また，停電時を想定するに，パソコン等の電源を必要とする通信端末は使用不可能なため，充電による使用が可能な移動体通信端末を用いたデータ通信が有力な通信手段となる。

パケット交換とは，データを「パケット」と言われる情報の小包のようなものにまとめ，宛先を指定して順次送り出す通信方式である。ネットワークはパケットの宛先をもとに，その時点で最も宛先に到達しやすいルートを選択するため，通信網を効率的に利用することができる。

平常時の通常通信（I）では，通話やインターネットを利用した情報の受発信といった利用形態が想定される。2001年1月，IT戦略本部は，e-Japan戦略を策定し，5年以内にブロードバンド環境の整備と，それを利活用した豊かな社会を実現することなどを目標とした[5]。また，総務省においては，2006年にu-Japan政策が策定され，2010年にユビキタスネットワーク社会の先導者となることが目標として掲げられ，ネットワークの整備や利活用が進められてきた[6]。その結果，ブロードバンド基盤の整備状況は，2015年3月末で，超高速ブロードバンドが，99.98％（固定系は99.0％）となっており，残り約1万世帯が未整備となっている。ブロードバンドは，100％（固定系は99.9％）となっている[7]。

また，居住地域における携帯電話の整備状況は，2012年度末で，99.95％であり，エリア外人口は，3.9万人となっている[8]。

---

[5] 高度情報通信ネットワーク社会推進戦略本部（IT戦略本部）[2001]「e-Japan戦略」（1月22日）。

[6] 総務省 [2007c]「『e-Japan戦略』の今後の展開への貢献」〈http://www.soumu.go.jp/menu_seisaku/ict/u-japan/new_outline01.html〉（閲覧日：2017年9月16日）。

[7] 総務省 [2016]「ブロードバンド基盤の整備状況（平成27年3月末現在）」〈http://www.soumu.go.jp/main_sosiki/joho_tsusin/broadband/〉（閲覧日：2017年9月16日）。

[8] 総務省 [2014]「携帯電話の基地局整備の在り方に関する研究会報告書」携帯電話の基地局整備の在り方に関する研究会（3月）。

したがって,「生存権」や「表現の自由」,「知る自由」を現実するためにも,音声通信に加えて,一定速度以上のインターネット接続環境を整備することが望ましい。

以上により,ユニバーサルサービスとして求められる通信仕様は,**表0-1**のようになる。

表0-1 ユニバーサルサービスとして求められる通信仕様

	通常通信		緊急通信
平常時	Ⅰ	・音声通信（パケット交換方式、ベストエフォート型の音声通信を含む） ・ブロードバンド通信環境によるインターネット接続サービス	Ⅱ 回線交換方式,帯域保証型の音声通信
異常時	Ⅲ	・音声通信（パケット交換方式,ベストエフォート型の音声通信を含む） ・携帯電話・PHSによるパケット通信サービス（利用可能な場合に,ブロードバンド通信環境によるインターネット接続サービスを含む）	Ⅳ 回線交換方式,帯域保証型の音声通信

注：異常時の通常通信に関しては,パソコン,通信機器等の電源が確保でき,ブロードバンド通信環境が利用可能な場合,VoIP[9]等のパケット交換方式・ベストエフォート型の音声通信,ならびにブロードバンド通信環境によるインターネット接続サービスを含めることとする。

（3）現在のテクノロジーで参加型ユニバーサルサービスを考える

現時点で存在する通信サービスを分類すると**表0-2**のようになる。これらの通信サービスを用いて,ユニバーサルサービスとして求められる通信仕様を実現することを考えていく。

平常時・異常時の緊急通信（Ⅱ・Ⅳ）については,回線交換方式・帯域保証型の音声通信が主体となる。固定電話網が維持できなくなった場合に,現時点の通信技術で想定される次の有力な担い手は携帯電話・スマホ・PHSであろう。

---

9) TCP/IPネットワークを使って音声を送受信する技術（Voice over Internet Protcol）〈http://e-words.jp/w/VoIP.html〉。

表0-2　現時点で存在する通信サービス

アクセス網インフラ	アクセスサービス		通信内容	交換処理方法	帯域保証 or ベストエフォート
銅線	電話		音声	回線交換	帯域保証
	xDSL		音声（VoIP）・データ	パケット交換	ベストエフォート
無線	携帯・スマホ	音声通話	音声	回線交換	帯域保証
		インターネットデータ通信	音声（VoIP）・データ	パケット交換	ベストエフォート
	PHS	音声通話	音声	回線交換	帯域保証
		インターネットデータ通信	データ	パケット交換	ベストエフォート
	FWA（無線アクセス）		音声（VoIP）・データ	パケット交換	ベストエフォート
同軸ケーブル	CATV電話		音声	回線交換	帯域保証
	CATVインターネット		音声（VoIP）・データ	パケット交換	ベストエフォート
光ファイバ	FTTH（光アクセス）		音声（VoIP）・データ	パケット交換	ベストエフォート

　移動体通信サービスは，複数の通信事業者により提供されているが，サービス提供には地域間格差が存在する。総務省では格差是正を目的として，1991年度から過疎地域等を対象に移動体通信用鉄塔施設整備事業を実施しているが，携帯電話の不感地帯は依然として存在している。サービス提供事業者の側からすると，基地局を建設しても，一定程度の需要が見込めなければ，基地局回線コストをまかなうことができないため，サービス提供にかかるインセンティブが働きづらい。移動体通信網整備および移動体通信サービス提供に関する費用をまかなうための基金制度を設ける等，携帯電話の不感地帯解消に向けたさらなる検討が必要である。また，移動体通信網の整備を考える時，移動人口を考慮に入れるべきである。鉄道や道路のトンネルで，採算が見込まれないところでは，電波遮蔽対策が取られていないため，携帯がつながらないところがある。また，居住地域の0.05％にあたる未整備地域でも携帯はつながらない。経済活動が活発化するにつれて，移動人口も増すこと

が考えられる。その際，シームレスな経済活動が行えるよう，移動人口も考慮に入れて，携帯電話の未整備地域をなくしていくことが望まれる。

　異常時の通常通信・緊急通信（Ⅲ・Ⅳ）については，震災時を例にとると，地震発生直後に緊急通報，安否確認，情報収集等の目的で多くの人がいっせいに電話をかける結果，網が輻輳を起こし，電話つながりにくくなるという現象が従来から問題とされていた。

　2003年5月26日18時24分に発生した宮城県沖地震の場合，地震発生直後から4時間程度，全国から東北6県に対して通話が殺到した[10]。そのため，重要通信および一般通話を確保するため，各通信事業者により通話規制が行われた。

　昨今の携帯電話の普及，インターネット接続に代表されるIP（Internet Protocol）通信の普及を鑑みるに，回線交換方式の音声通信とパケット交換方式のデータ通信の組み合わせを有効に用いれば通信網への負荷を減らし，通信の疎通率を上げることができる。例えば安否確認については，NTTが提供している災害対策伝言ダイヤル（171番）[11]の利活用をさらに推進するとともに，インターネットを用いた安否確認を併用し，情報収集についても携帯メールやインターネットといったパケット通信を活用することで，通信網への負荷を軽減することができる。停電時には，携帯電話端末からのデータ通信が有力なツールとなり得るが，現段階では，携帯端末から基地局までの無線区間において音声通信とパケット通信を識別する仕組みがないため，パケット通信によるメールも音声通信同様，輻輳に巻き込まれる。今後，音

---

10) 例えば宮城県の場合，地震発生直後（18時33分）から約3分の間に通常時の約29倍（12万Call）の通話申込みが発生した。携帯電話については，NTTドコモの場合，地震発生直後から3時間の東北地域NTTドコモ携帯電話発着信の総通話量は，通常時の約30倍と推定されている（東北総合通信局［2003］より）。

11) 宮城県沖地震では，延べ6万5,000件の災害対策伝言ダイヤル利用があり，地震発生当日の20時から21時の間に3万件の利用が集中した（日経ネット IT＆ビジネスニュース［2003］「特集　夏の電力不足問題『電話は使用できるか－NTT東日本に聞く』」，〈http://it.nikkei.co.jp/it/sp/teiden.cfm〉閲覧日：2003年7月8日）。

声による通話とパケット通信によるメールを識別して制御することが可能になれば，パケット通信用のチャネルを一定程度確保することにより，通信網の利用効率を向上させることができる．

さらに，将来的には，平常時における屋内外での緊急事態を想定して，あらかじめ緊急通報用の機能が組み込まれた携帯電話で極めて簡易な操作でパケット通信による緊急通報を行ったり，録音した音声をパケット化して送信するボイスメールの機能を追加することにより，緊急通信の疎通率を高めることができるのではないか．これには，携帯端末，消防・警察機関のシステム変更および個人情報の保護に関する検討が必要であるが，携帯電話が位置情報を特定できる機能を備えつつあること，携帯電話の多くが一個人専用のものとして使用されていることから発信者を特定しやすいこと等の特性を鑑みるに，十分に検討の余地がある．

災害時の通信については，2003年5月26日に発生した宮城県沖地震における通信の利用実態を受け，東北総合通信局に研究会が発足し，災害時の情報通信システムについて検討が行われた．「災害時における情報通信システムの利用に関する検討会：第一次報告書〜固定電話・携帯電話の輻そうに対処するためのアクションプラン〜」(2003年6月27日) では，携帯電話によるインターネット接続や，電話交換機を経由しないため輻輳の影響を受けないブロードバンド通信によるインターネット接続サービスが脚光を浴びた．

携帯電話のメール機能に関しては，次の理由から通信の疎通率を高めることが可能であるとして注目されている．第一に，送信情報が送信相手不在の場合にもサーバに蓄積され，相手が任意の時に確認することができること，第二に，メール機能の着信先は多数通信手段にわたるため，通信路の冗長性があり，トラヒック（通信量）の分散化も図れることである．しかし，現状では無線区間において音声による通話とメールによる通信が識別されないため，メールによる通信も発信規制等の制約を受けることが指摘され，音声による通話とメールによる通信を分けて制御する機能を導入することで，疎通効率のよいメール用無線回線を規制対象外として有効活用する方策が検討さ

れている[12]。

平常時の通常通信（Ⅰ）については，インターネット利用人口の増加やブロードバンド通信環境の急速な普及と今後のさらなる発展を鑑み，音声通信に加えて，FTTH（光ファイバ），CATV（同軸ケーブル），ADSL（銅線），無線（FWA[13]等）によるブロードバンド通信環境でのインターネット接続を実現することが必要であろう。

以上により，現時点のテクノロジーでユニバーサルサービスとして求められる通信仕様をまとめると，表0-3のようになる。

表0-3 ユニバーサルサービスとして求められる通信

	通常通信	緊急通信
平常時	Ⅰ・携帯電話・スマホ・PHS ・ADSL, FTTH, FWA, CATV	Ⅱ 携帯電話・スマホ・PHS
異常時	Ⅲ・携帯電話・スマホ・PHS ・ADSL, FTTH, FWA, CATV※	Ⅳ 携帯電話・スマホ・PHS

※パソコン，通信機器等の電源が確保できる場合。

4 ベンチャーを活用したブロードバンド参加型ユニバーサルサービス実現の可能性

ブロードバンド通信におけるアクセス系通信手段としては，FTTH，CATV，ADSL，無線（FWA等）があげられる。FTTHとCATVについては，設備投資額が10～20億円（整備対象地域の面積等の諸条件により異なる）と多額なことから，ベンチャーの参入は難しいが，ADSLとFWAに関して

---

12) 東北総合通信局［2003］。
13) Fixed Wireless Access。加入者宅と通信事業者間の加入者回線を無線で接続する固定通信システム。有線系のインフラよりも設備投資額が安価で早期に回線整備が可能。通信需要が少ない地域での回線整備に有効と考えられている。

は設備投資額がFTTHやCATVに比べて軽いことからベンチャーが参入する余地がある。地方自治体と通信キャリアの連携のみならず，地方自治体とベンチャーの連携によって，従来民間による参入が難しいとされてきた過疎地域において競争的にインフラ整備を行い，ブロードバンド通信サービスを提供することが可能なのではないだろうか。そこで平常時の通常通信（Ⅰ）について，競争環境下でブロードバンド通信を広く普及させるために地元密着型ベンチャー企業が果たし得る役割とその成立条件を検討するため，過疎地域のインフラ整備に着目し事例研究を実施した。

（1）事例研究（2003年度当時）

ベンチャーを活用しながら参加型ユニバーサルサービスを実現する可能性を探るため，フィールド調査を実施した。

大手通信キャリアや全国展開をしているベンチャーに比べて資本も小さく，単一都道府県をメインにサービス展開している地元密着型ベンチャーの事業形態は萌芽的であり，実施事業者数が極めて少ない。民間企業として事業を行っているのは，兵庫県をメインとしてADSLを提供している関西ブロードバンド株式会社と，北海道をメインとしてFWAを提供しているワイコム株式会社の2社のみである。それぞれの会社がサービス展開している地域から，人口，世帯数がほぼ同数の行政区域（町）を選択し，事業展開にあたり，サ

表0-4　調査事例

	調査1：関西ブロードバンド株式会社と兵庫県津名郡淡路町	調査2：ワイコム株式会社と北海道紋別郡上湧別町
アクセス系通信手段	ADSL	FWA
情報ハイウェイ	有（兵庫県が無償開放）	無
人口	6,834人（男：3,284人，女：3,550人）	6,163人（男：2,901人，女：3,262人）
世帯数	2,490世帯	2,292世帯
面積	13.2平方キロメートル	161.39平方キロメートル

注：2003年度当時。

ンク・コスト低減の工夫をしているか，しているとすればどのような方法を用いているのかという観点から事例調査を実施した。

比較的軽い設備投資額でブロードバンド通信を実現するアクセス系通信手段，ADSL，FWAを用いて，地方自治体とベンチャーが官民連携により通信環境整備を行っている事例で，さらに自治体が整備した情報ハイウェイのある地域と，それがない地域という観点からも調査を行った。

(2) 調査1：関西ブロードバンド株式会社および兵庫県津名郡淡路町[14]について

①関西ブロードバンド株式会社[15]の事業展開方法

関西ブロードバンドは，神戸市に本社を置き，ADSLサービスを展開している通信ベンチャーである。同社は，兵庫県が構築している情報ハイウェイをバックボーンに使用し，さらに兵庫県の助成金制度（ブロードバンド100％整備プログラム）を有効に活用することで，県内のブロードバンド未整備地域（農林漁業地域および過疎地域）にADSLによるブロードバンド通信サービスを提供している。この事業モデルは，社内において，社会的資本整備事業と捉えられており，地方自治体における公共性と自社の収益性のバランスを取りながら事業展開が行われている。

兵庫情報ハイウェイは県域の情報化を推進する基幹的な情報通信基盤として整備されたネットワークで，総延長距離1,400km，アクセスポイント27ヵ所，基幹部分の通信帯域は1.8Gbps，支線部分の通信帯域は1.2Gbpsとなっている。兵庫県内で南北の過疎過密のギャップによる情報格差が大きいことから，この是正を目的として整備された。2002年4月1日から運用を開始し，基幹回線部分1.8Gbpsのうち1.2Gbpsを，支線回線1.2Gbpsのうち0.6Gbpsを

---

14) 市町村合併により，兵庫県淡路市（2017年現在）。
15) 関西ブロードバンド株式会社の概要（2003年度当時），設立年月日：2001年8月16日，事業開始年月日：2002年4月30日，代表取締役：三須 久，従業員数：24名，所在地：神戸市中央区中町通2丁目3番2号，資本：7億573万円（2003年8月31日現在），うち，資本金3億9,222万円，資本準備金3億1,351万円。

2006年度末まで無償で民間開放している。2003年6月現在，19の事業者・団体等が兵庫県情報ハイウェイを利用しており，2006年度以降の扱いについては2006年度当初に利用者に対してヒアリングを行い検討する予定となっている。

　関西ブロードバンドは，兵庫情報ハイウェイを利用することでバックボーンコストを削減し，安価なサービス提供を実現している。開局プランは，100人加入希望者が集まれば開局を約束する「コミットADSL」と，地方自治体の補助金を利用して早期に情報基盤整備を行うことを目的とし50人加入希望者が集まれば開局する「パーフェクトADSL」の2種類がある。両開局プランとも，加入人数が増えるにつれて月額基本料金が安くなる料金体系を採用することにより，さらなる加入促進効果を狙っている。通信速度が12Mタイプのサービスの場合の，それぞれの開局プランの月額基本料（プロバイダ料含む）は表0-5，表0-6のとおりである。

表0-5　コミットADSL開局プラン

加入者数（人）	月額基本料（円）
100〜199	3,480
200〜299	2,980
300〜399	2,680
400〜499	2,480
500〜	2,380

表0-6　パーフェクトADSL開局プラン

加入者数（人）	月額基本料（円）
50〜99	2,980
100〜149	2,780
150〜199	2,580
200〜	2,380

利用者は月額基本料に加えて，モデムレンタル料（600円），NTT接続料（電話回線共用か否かにより176円ないしは1,950円）を支払うことになる。

また，初期費用として，サービス初期費用3,000円，NTT局内工事料（NTTからユーザへ請求）3,050円，NTTのDSL契約料（関西ブロードバンドがNTTに代わり利用者へ代行請求）800円の計6,850円が必要となる。

ADSLサービスを安価で提供していることと併せて，地方自治体との連携による情報基盤整備を行っていることが同社の大きな特徴である。県の助成金制度を活用し，ブロードバンド未整備地域での開局を進めるため，地方自治体や地元ISP（Internet Service Provider）との協業により有効契約世帯数確保に努めている。また，農業協同組合へ課金回収業務を委託する，販売代理店としての関係を構築する等，地元密着型のビジネスモデルを展開している。これに呼応して，民間事業者によるブロードバンド通信環境提供予定のない地域でボランティアの利用者募集運動が始まっているという。

②兵庫県津名郡淡路町[16]における関西ブロードバンド株式会社との連携によるブロードバンド通信環境整備

2002年12月6日，淡路島の最北端に位置する淡路町でADSLサービスが開始された。月額使用料（プロバイダ料含む）は8Mbpsサービスで1,980円，12Mbpsサービスで2,380円である。

明石海峡大橋を渡った4km先には県庁所在地があるが，対岸との差は大きく，淡路町にはブロードバンド通信サービスの提供予定がなかった。淡路町は，情報化事業が不可欠と考え，当初CATVの導入を検討していた。しかし，初期投資額が10～20億円（淡路町のここ5年の歳入・歳出総額は40～50億円），整備期間が3～4年，自主放送にも費用がかかる。昨今の通信技術の進歩を勘案するにCATV網整備が終わった頃には光回線化の波が押し寄せるのではないかという懸念があった。そこでADSLという案が浮上したのだが，大手通信キャリアに問い合わせたところ，淡路町にはサービス提供

---

16) 前掲14)。

予定がないとのことであった。そこに現れたのが関西ブロードバンドであった。関西ブロードバンドが淡路町に提示した提供条件は「100世帯加入ならば月額利用料4,000円，500世帯以上加入ならば1,980円」であったが，当初の加入希望世帯数は500に達しない。月額4,000円の利用料では町民の利用意欲がそがれると判断した淡路町は，1,980円でのサービス提供を関西ブロードバンドに依頼し，設備投資負担等サービス提供にかかる費用について補助を行った。補助総額は2,200万円である。2002年9月の補正予算で町費から支出され，およそ2ヵ月でADSLによるブロードバンド通信環境整備が行われた。

淡路町の今津浩町長（2003年10月当時）によると，情報化事業は「下水道方式」という。すなわち，幹線までは行政で準備し，そこから先の各家庭まではつなぎたい人がお金を出してつなぐ方式である。行政が全部に手を出すことには意味がなく，町はADSL接続が可能な環境は整えるが，その先パソコンを購入することや，サービス提供を受けることは希望する人がどうぞ，というスタンスをとっている。

また，淡路町情報電算室の鍋島義隆氏（2003年10月当時）によると，「行政だけで情報通信基盤を整備しようとしてもノウハウがないし，技術革新の速さに追いつくことが容易でない。ノウハウやサービス提供の部分は民間の力を使ったほうが民間事業者も潤うし，行政への負担も少なくなり，整備にかかる時間も行政単独で行うより短縮されるので，双方にとってメリットがある」とのことである。

一方，サービス提供事業者である関西ブロードバンドからみると，淡路町はNTT交換局から1～2kmのところに住宅が密集しているため，ADSLによる品質が十分に確保できる。また，町全体もNTT交換局から3～4kmの範囲に収まるため，サービス提供にあたって隅々まで状況が把握しやすいという利点があった。

淡路町のADSL加入者は2003年10月1日現在で332ユーザである。加入者の間で人気なのはオンラインの囲碁や将棋だという。町民の間では以前から

将棋や囲碁が人気であったが，今ではこれをオンラインで楽しむ人が多いという。新しい者好きが多く，町がパソコンの使い方講座を過去3回開講するも空席が目立ち，住民が自主的にパソコンや通信環境の使い方を覚えていく傾向が強いという。この他にも町議会の中継が行われており，こちらも利用者が多いとのことである。淡路町では今後，ブロードバンド通信環境を，高齢者福祉等に利用することを検討している。

(3) 調査2：ワイコム株式会社および北海道紋別郡上湧別町[17]について

①ワイコム株式会社[18]の事業展開方法

ワイコムは，札幌に本社を置き，FWAによるサービス展開を行っている通信ベンチャーである。同社は，北海道におけるADSL，光ファイバ，CATV等によるブロードバンド通信サービス提供予定がない地域をメインターゲットに100加入を開局の条件とし，地方自治体や地元業者との密接な連携のもと，2.4GHz帯を用いた加入者系無線サービスの提供を行っている。また，試験サービス開始時に40名以上の加入者が集まれば積極的に開局を検討している。40加入というのは，ワイコムがサービス展開にあたり，中継回線のランニングコストをまかなうことができる最低限の加入者数である。2003年11月現在，北海道内の17町村でサービス提供を行っており，50町村からサービス提供の要望があがっている。

北海道には，情報ハイウェイが存在しないため，ワイコムは次のような初期設備投資，サービス開始後の運用費用軽減のための工夫を行っている。第一に，自治体が整備した公共ネットワーク用の光ファイバのうち未使用芯線をワイコムが役場から借り受けることで，初期投資額を軽減している。これにより，初期投資額の軽減のみならず，通信キャリアが提供するサービスを

---

17) 市町村合併により，北海道紋別郡湧別町（2017年現在）。
18) ワイコム株式会社の概要（2003年度当時），設立年月日：1999年6月23日，事業開始年月日：2002年7月1日，代表取締役：秦野 仁志，従業員数：8名，所在地：札幌市中央区北1条西7丁目3番地，資本金：16,150,000円（2004年5月7日現在）。

中継回線として使用する場合に比べ，サービス開始後の中継回線費用を削減することが可能になっている。第二に，地域公共ネットワークが利用できない地域では，中継回線運営費用削減のため，使用料が距離に大きく依存する専用線ではなく光ファイバを用いたサービスを中継網に採用している（光ファイバを用いたサービスが来ていない一部の地域は専用線を使用している）。さらに1基地局あたりの中継回線費用を軽減させるため，メイン基地局から無線中継を行う中継局を複数設置し，多段中継を行うことでカバーエリアを広げている。第三に，無線基地局設置にあたり地方自治体に協力を要請し，自治体建物内および屋上に通信機器を設置することにより，基地局建設費用を削減し，サービス開始後の基地局維持にかかる賃借料等の運営費を削減している。2.4GHz帯の電波特性上，サービス可能エリアについては無線基地局からの見通しが利くことが条件となっている。高層建築が少ない過疎地域においては，役場，学校といった高さのある建物の屋上や防災用のサイレン塔に無線基地局を設置する場合が多いため，無線ならではの技術特性を利用した運用費削減策となっている。

　さらに，サービス提供にあたって，ワイコムは地方自治体に地元工事業者の紹介を依頼している。これにより，地方自治体には地元経済の活性化というメリットが，ワイコムには基地局を設置する地方自治体等の建物内に精通している地元の指定工事事業者を利用し，効率的に工事ができるというメリットが発生する。

　インターネット接続にあたっては，別会社として経営しているインターネット接続事業者（ISP），株式会社ジンオフィスサービスを利用している。月額使用料（プロバイダ料含む）は，2,480円で，年額一括払いの際は1ヵ月分の使用料が無料となる。このほかに無線機器使用料として屋内用に月額800円，屋外用に月額1,200円の支払いが必要となる。無線機器は買取りも可能で，その場合の料金は屋内用28,000円，屋外用42,000円となっている。

　初期費用として，サービス初期費用2,000円，無線回線契約料500円，無線回線工事費2,000円の計4,500円が必要となる。

さらに，ワイコムは2.4GHz帯無線に比べ，カバーエリアが広く（半径約10km），通信速度も速い（最大36Mbps）5GHz帯無線の実験を行っている。5GHz帯の実験を経て，今後は事業の主軸をこちらに移していく予定である。

②北海道紋別郡上湧別町[19]におけるワイコム株式会社との連携によるブロードバンド通信環境整備

　2002年2月，北海道の東北部に位置する上湧別町で，無線によるブロードバンド通信の試験サービスが開始された。同年7月1日に商用サービスに移行している。これは，2.4GHz帯の電波を使用し，基地局から半径約500m以内の電波が受信できる場所においてインターネットへの常時接続を実現するもので，通信速度は最大11Mbpsのベストエフォート型サービスである。

　上湧別町ではサービス開始にあたり，行政も協力を行い，役場庁舎や学校など4ヵ所の公共施設の屋上に，無線基地局を設置するため場所を無償で提供した。上湧別町情報推進係の尾山弘主任（2002年7月現在）は「『あと数年は，この町にADSLや光ファイバは来ない。都会との情報格差がますます広がる』と予想していた。しかし，ワイコムのサービス提供で，『役場自ら通信環境を整備する必要もなくなり，町予算も節約できた』と話している[20]」。その後，無線基地局数は11局まで増加した。2003年11月には，上湧別町の市街地からそれぞれ約4.5kmと約6km離れた同町内の富美地区，開成地区の住民に無線によるインターネット接続環境を提供するための検討が開始されている。当該地区は住民数が少なく，ワイコムの開局条件である100加入に満たないため，行政とワイコムとの連携で通信環境整備にかかる検討が進められている。具体的には，上湧別町市街地最寄りの無線基地局から富美小学校，開成小学校までを結ぶ無線設備を町が構築し，その設備をワイコムがIRU契約により使用する。町へは行政業務に必要な帯域をワイコムの通信サービスとして提供する，ないしは町が通信環境整備に対して補助金を

---

19) 前掲16)。
20) 北海道新聞「ほっかいどうIT最前線：過疎地でも高速ネット」2002年7月26日。

出すという選択肢のもと，町予算の確保が進められている。これは富美地区，開成地区に1校ずつある小学校と役場庁舎を結ぶ行政利用のダイヤルアップ回線で接続されたネットワークが，行政業務に用いるには帯域不足になってきたため，ブロードバンド回線へ移行したいという意向を受けて検討された方策である。IRU（indefeasible right of user）とは「破棄し得ない使用権」とも呼ばれ，関係当事者すべての合意がない限り，破棄したり終了させたりすることができず，一般の賃貸借契約に比べて使用権者の権利が強く保護されている回線使用権のことである。

　上湧別町ではブロードバンド通信環境を道路と同じく社会的インフラの1つと捉え，住民サービスの一環として整備を進めている。しかし，地形の影響により丘が点在し基地局候補地からの見通しが利かない，集落の居住者数が極端に少ないといった理由から民間事業者によるビジネスベースでのブロードバンド通信環境整備が難しい地域が若干存在する。これらの地域については，最寄りの小学校まで無線インターネット接続サービスを提供し，パソコン等の通信に必要な機器を設置した部屋を住民に開放することでブロードバンド通信環境を提供しようとしている。

（4）分析：ベンチャー企業を活用した通信基盤整備の成立要件

　事例調査の結果から，従来採算面の問題から民間による事業展開が難しいとされてきた過疎地域において地元密着型ベンチャー企業と行政の官民連携による通信基盤整備が成立するための要件を検討する。

　第一に，技術進歩による電気通信市場構造の変化を利用した小規模事業展開の可能性と，初期投資額およびサービス開始後の運営費用の削減である。通信のデジタル化によってアンバンドルが可能となり，通信市場への部分的参入が可能になった。これにより，従来のアナログ電話網のような単一巨大ネットワークを有しなくとも相互接続によって通信サービスを行うことが可能になっている。また，従来の電話サービスは，設備との密接な関わりにおいてのみ提供されるという設備被拘束性が強かったが，インターネット・プ

ロトコルを用いた通信は物理層を選ばず通信を行うことが可能であり，設備被拘束性が薄れてきた。このネットワークの外部性が働きづらい市場の出現と，設備被拘束性の軽減とともに可能となった設備とサービスの分離により，参入時の初期設備投資額（サンク・コスト）および中継回線費用等の運用費軽減のための工夫が可能となり，条件不利地域で小規模な地元密着型ベンチャーが事業展開可能となるというメカニズムが働いていることが確認された。

第二に，過疎地域におけるベンチャーを活用したブロードバンドサービス提供にあたって，物理的インフラの官民「共同利用」が大きく効いていることがわかった。これにより，初期設備投資額が軽減されるのはもちろんのこと，二重投資を行っている財政的余裕がない過疎地域において，同一インフラの官民共同利用がもたらす効果は大きいと言える。この点は少し細かく解説する必要があろう。

通信事業者によって提供されるブロードバンドインターネット接続サービスは，NTT交換局から加入者宅までのラストワンマイルと，いくつかの加入者回線をまとめて光ファイバ等を用いた大容量の回線で伝送し，インターネット・サービス・プロバイダ（ISP）につなぐ中継区間，ISP区間の3区間によって構成されている。3区間の中でも特にコストがかかるのが，中継区間の回線コストとラストワンマイルの設備投資である。

ADSLサービスの場合，サービス提供にかかるネットワーク構成とサービス提供事業者は図0-1のように整理できる。

ADSL事業者にはユーザ宅内に設置されるモデム[21]およびスプリッタへの投資に加えて，NTT収容局内に設置されるスプリッタ，DSLAM等のADSL事業者設備へ相当額の投資が発生する。また，ADSL事業者中継網に関しても費用がかさむため，ADSL事業者はNTT局間のダークファイバ[22]を積極的に活用し，中継網の大容量化とコスト削減を行っている。しかし，

---

21) デジタル信号とアナログ信号の相互交換を行い，コンピュータなどの機器が通信回線を通じてデータの送受信ができるようにする機器（IT用語辞典〈http://www.e-words.jp〉）。
22) 敷設されながら稼働していない光ファイバのこと（IT用語辞典〈http://www.e-words.jp〉閲覧日：2007年12月27日）。

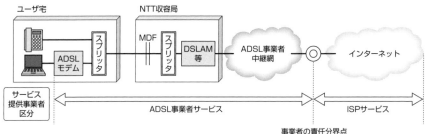

図0-1　ADSLサービス提供の仕組み

・スプリッタ：公衆電話回線を使ってADSLによるデータ通信を行う際に，音声信号とデータ信号とを分離する装置（IT用語辞典〈http://www.e-words.jp〉（閲覧日：2007年12月27日）．
・MDF：主配線盤．
・DSLAM：複数のxDSL回線を束ね，ルータなどの通信機器と接続して高速・大容量な基幹回線への橋渡しを行う集線装置（IT用語辞典〈http://www.e-words.jp〉（閲覧日：2007年12月27日）．

　新規開局にあたっては加入者の多寡にかかわらず中継回線を用意する必要があり，まだまだ費用のかかる部分であることは否めない．
　関西ブロードバンドの場合，中継網に民間に無償開放されている兵庫県情報ハイウェイを利用することにより，中継網部分のコストを丸々浮かせている．これがその他の経営努力とあいまって損益分岐点加入者数を1万数千加入[23]まで引き下げることを可能にした．
　一方，FWAサービスの場合，サービス提供にかかるネットワーク構成とサービス提供事業者は図0-2のように整理できる．

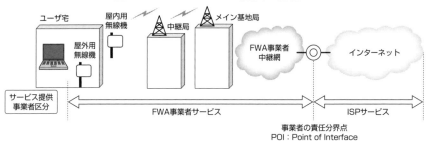

図0-2　FWAサービス提供の仕組み

---

[23] 損益分岐点加入数については，関西ブロードバンドへのヒアリングによる．

ワイコムの場合，北海道には情報ハイウェイが存在しないことから，メイン基地局からISPまでの中継回線はワイコムが他の通信事業者から中継用サービスの提供を受けて構築することになる。この場合，採算を取るためには100人程度の加入者数が必要となり，過疎地域の中でも100加入以上が見込める人口密集地がメインターゲットとなる。しかし，自治体との連携により，地域公共ネットワークの心線を一部借用する，地方自治体が無線設備を構築し，ワイコムがそれをIRU契約で借り受けてサービス提供を行う等の方策をとることにより，損益分岐点加入者数が引き下げられ，100加入に満たない過疎地域にもサービスを提供することが可能となった。

　また，官が通信役務利用目的以外で敷設したインフラを民間に開放するにあたっては，2002年7月に公開された総務省による「地方公共団体が整備・保有する光ファイバ網の第一種通信事業者等への解放に関する標準手続き」が大きな役割を果たしている。これにより，官が敷設したインフラを民へ開放する際の手続きが明確化され，容易になった。

　第三に，地元密着型のベンチャーがサービス展開することにより，地域事情を把握したきめ細い対応と，機動的な営業が行われていることが確認された。関西ブロードバンド，ワイコムとも，大手通信事業者によるブロードバンドサービス提供予定のない地域をターゲットとし，地域密着型の事業展開を行うことにより，地域の情報基盤整備に熱心なユーザを引きつけ，自発的に加入者を募る運動が促される等の現象が見られる点が特徴である。

　過疎地域におけるベンチャー企業を活用したブロードバンド通信環境整備は，①ネットワークの外部性が働きづらい分散ネットワーク型市場において，②設備被拘束性の少ないインターネット・プロトコルを用いて，③初期投資額の比較的軽いアクセス系通信手段を用いることにより，④帯域保証の必要がないベストエフォート型サービスを提供するという前提のもとで参入時の障壁を下げるメカニズムのもとに成り立っている。この前提のもと，官が敷設したインフラの民間開放，IRU契約という制度を組み合わせることにより，ベンチャー企業による市町村単位の通信基盤整備が可能となる。しかし，ニ

ーズの変化により帯域保証が求められるようになり，サービス提供にネットワークの外部性が働くような通信ネットワークが必要になった場合や，地上デジタル波放送の再配信の必要性が出現し，それを実現するためのインフラに拘束されるようになってきた場合，このモデルは成立しなくなる可能性がある。

　それでもなお，官利用のインフラ，民利用のインフラと二重投資をする余裕のない過疎地域において，官民がインフラを共同利用することにより，民によるサービス展開が可能となる官民協働の在り方は今後の過疎地域における通信，放送を含めた社会的基盤整備を考えるうえで多くの含意を有すると言えよう。

第Ⅰ部
理論編

第1章

参加型ネットワークのビジネスモデル
──複数アプリの相乗りモデル──

序章では，民間事業者による参入が難しいとされている過疎地域において，地元密着型ベンチャーを活用したブロードバンド通信環境整備事例を調査・分析することで，技術進歩が著しい中，社会的基盤の一つである通信インフラ整備を行っていくために地元密着型ベンチャーが果たし得る役割を提示した。具体的には，競争環境下において地域特性に合致した技術選択と，官民連携による運営方式によって民間企業の創意工夫を活かしながら通信基盤整備を行っている事例の成立要件について検討を行った。

　そのうえで，技術進歩によって，同一インフラへの複数サービスの相乗りが可能になったことを勘案し，複数のアプリケーションが相乗りし，価値創造が行われる参加型ネットワークのビジネスモデルを構築するうえでの優先度の概念を検証する。

　本章では，参加型ネットワークのビジネスモデルを構築するうえでの優先度概念の有効性を検証する。多様な主体によるサービス提供と，ユーザによる価値創造というサプライサイドとユーザサイドの双方からの参加のメリットを守りながら，多くの主体が価値創造に参加できるオープンなネットワークの投資回収を実現することが目的である。

　そこで本書では，参加型ネットワークを，「ユーザサイドもサプライサイドも価値創造プロセスに参加するネットワーク」と定義する。また，価値創造は，「誰かにとって有用であるものを生み出す行為」と定義し，貨幣との交換価値ではなく，有償ないしは無償の使用価値を創造する行為と位置づける。さらに，優先度については，通信の優先的取扱権の強弱として位置づける。通信の優先的取扱権とは，「ある帯域[1]を必要性が発生したある時点で優先的に取り扱うことを要求する権利」のことを指す。これは，「ベストエフォートでそこそこ実現される優先的取扱い」という位置づけであり，伝送路や帯域の専有を保証しようとするものではない。本書では，通信の優先的取扱権の強度が異なるサービスを同一インフラに相乗りさせることで（異種アプリケーションの相乗り），効率的な参加型ネットワークの構築・維持方

---

[1] 本書では，帯域をビットレート（1秒間に送受信できるデータ量）の意味で用いた。

法を考察する。

具体的には，通信事業に着目し，オープン・アクセス・サービスの中でも，事業構造のレイヤー化によって実現した多様な主体によるサービス提供，ユーザによる価値創造という特性を持っているブロードバンドインターネットのコスト回収について考察する。なぜならば，これらの要素が加わることにより，従来から行われてきた公共サービスの効率的提供，希少資源の効率的配分といった観点から，通信基盤のコスト回収やユーザ料金を考えることが困難になってきたからである。

ブロードバンドもインターネットも競争原理のもと，市場メカニズムを通じて提供されてきた。市場では，価格をシグナルとして需給バランスが調整される。しかし，ブロードバンドインターネットの場合，価格が需給を調整するための適正なシグナルとなっていない可能性がある。インターネットのユーザが少なかった頃に導入された定額料金制は，ユーザの獲得によるインターネットの拡大と価値向上という側面で一定の役割を果たした。インターネットが成熟し，ネットワークの外部性による価値創造の進展とともに混雑問題が大きくなってきた昨今，ブロードバンドインターネットを利用するユーザの多様性を反映した価格設定を考える必要がある。NTTの提供するNGN（Next Generation Network）[2]やニコニコ動画[3]等のアプリケーションサービスで，サービス品質に応じた料金制度が導入されつつある。これらは，萌芽的な事例で企業内のビジネスモデルにとどまっている。オープンなブロードバンドインターネット上で，有限の帯域を多人数で満足度高く使い，対価を求めずして繰り広げられるユーザ主導型の価値創造を促進するための料金の在り方を検討する必要がある。

我々が利用しているアプリケーションは，通信事業者・放送事業者，行政・営利企業等，様々な主体が提供しており，用途や帯域利用ニーズが異なっている。そのため，これらのアプリケーションは，個別に構築したネットワー

---

2) 〈http://www.ntt-east.co.jp/ngn/index.html〉〈閲覧日：2008年5月16日〉。

3) 〈http://www.nicovideo.jp/〉〈閲覧日：2008年5月16日〉。

クを介して提供されており，ソフトウェアやインフラへの二重投資という非効率が発生している。今や，技術的には，通信の優先度に関するニーズが異なる複数のアプリケーションが同一インフラに相乗りすることが十分に可能になっている。しかし，その場合のコストシェアモデルは存在しない。したがって，多様な主体が提供・利用する異種アプリケーションが同一インフラに相乗りする場合に，いかなる料金を設計すればよいかを考察する。

　本書における「異種アプリケーション」の「異」の分類基準は，①放送，通信，医療，教育，営利事業等のアプリケーションの用途の違い，②社会的なものか私的なものかというアプリケーションの利用目的の違い[4]，③アプリケーションの設備や制度への被拘束性（アプリケーションと設備や事業法との関連性の強さ），④帯域利用ニーズ（帯域の安定的[5]・排他的な利用と支払意思との関係），の４つに大別することができる。これら４つの分類基準を優先度概念に統合し，参加型ネットワークを整備・維持するうえでの有効性を検証した。優先度概念を利用して異種アプリケーションを同一インフラに相乗りさせる際，サプライサイドからは，設備利用効率の向上，重複投資の回避，収益構造の改善等が，ユーザサイドからは，利用料金の低廉化，混雑回避による価値創造促進等の効果が期待される。

---

[4] 本書では，社会的なアプリケーションを，「あるアプリケーションを利用することによる便益が多くの人に発生し，外部性のあるもの」と位置づける。社会的なアプリケーションを利用するサービスとして，消防，救急，防災，医療，生活保障等，行政の関与度が高いサービスがあげられる。これらのサービスが利用するアプリケーションは，多くの人が受益者となり，外部性のあるものが多い。一方，私的なアプリケーションについては，「私的な事情からアプリケーションを利用することによる便益が特定の個人にのみ発生し，外部性のないもの」と位置づける。例えば，大災害発生時，外出先から自宅のペットのようすを把握することに重要性や必要性を強く感じる個人がいる場合，災害時の遠隔ペット監視アプリケーションが私的なアプリケーションとなる。

[5] 帯域の安定的利用とは，遅延が小さく，ゆらぎが小さいことを想定している。

参加型ネットワーク

　本書では，参加型ネットワークを，「ユーザサイドもサプライサイドも価値創造プロセスに参加するネットワーク」と定義する。参加型ネットワークは，ユーザサイド，サプライサイドの多くの主体が利用可能な条件で，利用機会が広く公に開かれているオープン・アクセス・サービスの一形態と位置づけられる。

　参加型ネットワークを，オープン・アクセス・サービスと従来型の公共サービスとの関係において図示したものが図1-1である。本書では，オープン・アクセス・サービスと従来型の公共サービス，両方の特性を併せ持つサービスのうち，サプライサイド，ユーザサイドからの価値創造への参加という特性を持ったものを参加型ネットワークと呼ぶ。

　参加型ネットワークは，多くの主体が利用可能な条件で利用機会が広く公に開かれているという点で，電気，ガス，水道，通信（固定電話）等，従来型の公共サービスと共通する部分もある。しかし，サプライサイドもユーザサイドも価値創造に参加するという点で，従来型の公共サービスとは異なるものである。参加型ネットワークの例として，ブロードバンドインターネットやインターネット上で提供されているコンテンツやプラットフォームがあげられる。

図1-1　参加型ネットワーク

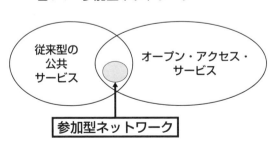

従来型の公共サービスと参加型ネットワークの類似点と相違点は，次のように整理することができる。

　類似点は，従来型の公共サービスも参加型ネットワークも，多くの主体が利用可能な料金で提供されており，サービス提供に利用するシステムそのものがネットワークの外部性を有している点である。ネットワークの外部性とは，ネットワークへの加入者が増加するほどネットワークの利便性が高まることをいう。外部性とは，正および負の効果を含めて，ある経済主体の行為が市場を介さずに他の経済主体に影響を及ぼすことを言い[6]，ネットワークに関する特殊な例がネットワークの外部性と言われている[7]。

　相違点は2点ある。1点目が，第三者による価値創造への参加であり，2点目が事業構造のレイヤー化による供給主体の多様化である。

　1点目の第三者による価値創造への参加につては，電話（従来型の公共サービス）とインターネット（参加型ネットワーク）の比較で，次のように説明することができる。電話での会話（コンテンツ）は，通話者間で何らかの価値を創造しているが，その価値は通話者間のみにとどまり，第三者が価値創造に参加できる可能性は少ない。通話終了後に，通話内容を第三者に伝達することで新たな価値が創造される可能性もあるが，伝搬範囲は通話者の知人等，限られた範囲にとどまる。一方，インターネット上には，口コミサイト，動画共有サイト等，コンテンツの蓄積・閲覧・共有を可能にするプラットフォームがある。あるユーザが発信した情報は，プラットフォームを介して不特定多数のユーザに公開される。これにより，不特定多数のユーザが二次創作物や情報をプラットフォームに提供することが可能になる。その結果，プラットフォームに二次創作物や新たな情報が集積するにつれて，プラットフォームの価値が向上していく。インターネット上のユーザが発信する情報に価値を見出した第三者が新たなビジネスを展開することも可能である。参加型ネットワークでは，ユーザが新たな価値を創造し，それを無料で提供し

---

[6] 植草 [2000], 14ページ；奥野・鈴村 [1988], 129ページ。
[7] 林紘一郎 [1998], 38ページ。

たり共有したりすることで通信ネットワークやプラットフォーム，コンテンツの価値を高めている。

　ユーザによる価値創造プロセスにも，ネットワークの外部性が働いている。例えば，不特定多数のユーザが創造した動画の提供・共有・利用を可能にするプラットフォームであるニコニコ動画やYouTube[8]等の動画共有サイトでは，人気のあるコンテンツが集積するほどプラットフォームの利用者が増加し，プラットフォームの価値が高まる結果，コンテンツが集積しやすくなるという好循環が発生している。この時，動画を提供するユーザ側にも，閲覧数が増加する，二次創作物が増加する等，利用者の多いプラットフォームに創造物を提供するインセンティブが働いている。ユーザによる価値創造の連鎖を加速させるために，ブロードバンドインターネットへの最低限のアクセスをできる限り低廉な価格にすることが望ましい。

　２点目の事業構造のレイヤー化による供給主体の多様化については，従来型の公共サービスとの対比で次のように説明することができる。まず，下位レイヤーに着目すると，鉄道，郵便等，独占ないしは寡占状態で提供されている従来型の公共サービスと比べ，"network of networks"と言われるインターネットは，多様な主体が提供するネットワークを相互に接続することで大規模ネットワークが形成されている。次に，上位レイヤーに着目すると，インターネット上では，通信事業者以外にも多数の事業者がビジネスを展開している。これは，従来型の電話事業にはない特性である。上位レイヤーにおけるサービス供給主体の多様性は，運輸サービスにも見ることができる。例えば，鉄道事業と道路事業を比較すると次のように説明できる。鉄道事業では，上下分離により線路設備の所有者と列車運行サービスの提供者が分離され，鉄道事業総体としての供給主体の多様性は増加した。しかし，上位レイヤーの列車運行サービスに着目すると１路線への参入は独占ないしは寡占状態にある。一方，道路事業では始めから上下分離型の事業形態が採用されており，下位レイヤーのインフラである道路を利用して，タクシー，バス，

---

[8]　〈http://jp.youtube.com/〉（閲覧日：2008年5月16日）。

荷物運送等，上位レイヤーにおけるサービス供給主体の多様化が実現している。従来型の公共サービスの持続的な提供を考えるうえで，供給主体の多様化は考慮すべき点である。

2 ユーザによる価値創造

　図1-2は，参加型ネットワークとしてのブロードバンドインターネットに関連する各主体の貢献と受益の関係を図示したものである。これまで，通信サービスの提供をめぐる議論は，サービス提供主体としての通信事業者（サプライサイド）とサービス利用主体としての一般ユーザ（ユーザサイド）の二分法で行われてきた。参加型ネットワークとしてのブロードバンドインターネットでは，1つの主体がサプライサイドとユーザサイド双方の側面を持っている。

　多様な主体が参加し，価値を創造するという観点からは，参加型ネットワークをプラットフォームの一部として捉えることができる。Gawer and Cusumano [2002] は，ハイテク産業における多様な関連企業が相互にイノベーションを創発しあう進化するシステムとしてプラットフォームの研究を行っている[9]。Gawer and Cusumano [2002] のプラットフォーム研究では，製品を核とするサプライサイド，ユーザサイドの二分法の世界で，サプライサイドのイノベーションを体系化している。これに対し，本書では，参加型ネットワークとして，サプライサイド，ユーザサイドの二分法が適用できない世界で，ユーザによる価値創造を促進させる方法を考察する。

　図1-2の通信事業者，一般ユーザ，コンテンツ提供事業者，プラットフォーム提供事業者は，参加型ネットワークでの価値創造主体である。これらの参加主体は，価値創造をめぐり，ユーザサイドにもサプライサイドにもなりうる。例えば，ユーザにプラットフォームを提供する事業者は，通信回線の

---

9) Gawer and Cusumano [2002], p.6.

利用者でもあり，通信サービスの利用者は，価値の提供者でもある。また，通信事業者は通信サービスを提供する一方で，プラットフォームの利用者としてビジネスを展開することもある。参加型ネットワークでは，各主体が，適度な貢献と受益によるほどほどのもたれあい関係によって自由な価値創造を行う場を形成していると同時に，そこがビジネスの場にもなっている。

図1-2を詳しく見ていく。まず，通信事業者は，ブロードバンドインターネット環境を構築するための投資をしてビジネスを展開することで（貢献①），ユーザを獲得し，利用料収入（受益①）を得る。ユーザは，通信事業者に利用料を支払い（貢献②），ブロードバンドインターネットを利用する（受益②）。これ以外にも，ユーザは，ブロードバンドインターネット通じて貢献したり便益を得たりする。インターネット上には無料で利用できるコンテンツやプラットフォームが多数存在する。検索エンジンとして出発した

図1-2 ブロードバンドインターネットにおける貢献と受益

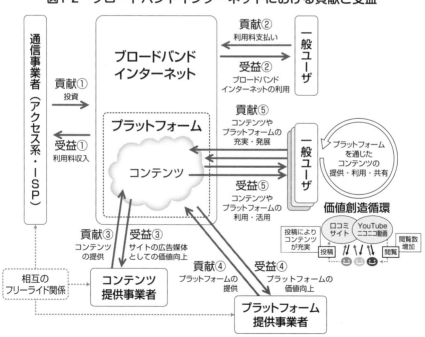

Google[10]が，Google MapのStreet View[11]機能やYouTube等，あるユーザが提供した情報を他のユーザが利用・共有する場を提供し，CGM（Consumer Generated Media）による価値創造を牽引している。この他にもYahoo![12]，MSN[13]等のポータルサイトが提供する検索エンジンや，地図情報，ニュース情報，Webメール等の各種コンテンツやサービス，ニコニコ動画等の動画配信・共有サービス，LinkedIn[14]やMySpace[15]，mixi[16]，gree[17]等のSNSサービス，Skype[18]やGIZMO[19]等のインターネットを利用したチャット・音声通話・ビデオ通話サービス，Q&Aコミュニティサイト，口コミサイト，COI（Community of Interest）サイトなど，多様なコンテンツやプラットフォームサービスが提供されている。

　これらのコンテンツやプラットフォームを提供する企業は，複数の事業領域を様々な組み合わせで提供しており，明確な分類をすることが難しい。プラットフォームを「インターネット上でコンテンツの提供・利用・共有を可能にする場や機能」と定義すると，Google，SNS，ニコニコ動画，SkypeやGIZMOはプラットフォーム提供事業者に近く，Yahoo!やMSNはコンテンツ提供事業者に近いと大別することができる。

　プラットフォームは，インターネット上でのネットワークの外部性を利用

---

10) ⟨http://www.google.co.jp/⟩（閲覧日：2008年9月2日）。
11) ⟨http://www.google.co.jp/help/maps/streetview/⟩
　　日本でのサービス開始は2008年8月5日⟨http://internet.watch.impress.co.jp/cda/news/2008/08/05/20479.html⟩（閲覧日：2008年9月2日）。
12) ⟨http://www.yahoo.co.jp/⟩（閲覧日：2008年9月2日）。
13) ⟨http://jp.msn.com/⟩（閲覧日：2008年9月2日）。
14) シリコンバレーで利用されているビジネス目的に特化したSNSサービス⟨http://www.linkedin.com/⟩（閲覧日：2008年9月2日）。
15) 2004年1月にアメリカで開始されたSNSサービス。日本でのサービス開始は2006年11月⟨http://creative.myspace.com/jpn/myspacejapanpr/index3.html⟩（閲覧日：2008年9月2日）。⟨http://www.myspace.com/⟩（閲覧日：2008年9月2日）。
16) ⟨http://mixi.jp⟩（閲覧日：2008年9月2日）。
17) ⟨http://gree.jp⟩（閲覧日：2008年9月2日）。
18) ⟨http://www.skype.com/intl/en/welcomeback/⟩（閲覧日：2008年9月2日）。
19) ⟨http://gizmo5.com/pc/⟩（閲覧日：2008年9月2日）。

した価値創造において重要な役割を担っている。ユーザは，インターネットへの接続にかかるコストさえ負担すれば，インターネット上のプラットフォームやコンテンツを活用し，情報を無料で提供・利用・共有することができる。(受益⑤)。コンテンツやプラットフォームの利用により，新たなコンテンツが生成され，インターネット上で公開・共有されることで，既存のコンテンツやプラットフォームが充実・発展していく（貢献⑤）。さらに，CGMの勃興により，インターネット上のコンテンツを利用するだけでなく，付加価値をつけて共有することで，新たな価値が創造されるという好循環が発生している。

　ユーザがプラットフォームやコンテンツを利用可能な前提として，次の2点を指摘しておかなければならない。1つ目が，プラットフォーム提供事業者やコンテンツ提供事業者がサービスの多くを無料で公開しており，ユーザはネットワークに接続すれば情報を提供・利用・共有できることである。2つ目が，インターネットの接続にかかる費用が定額制であることである。多くのコンテンツやプラットフォームが無料で提供され，低廉な定額料金がブロードバンドインターネットの普及を牽引してきた理由がここにあろう。プラットフォームやコンテンツを提供する企業は，広告モデルでサービスを無料で提供し（貢献③，貢献④），ユーザがコンテンツやプラットフォームの利用・活用を通じて創造する新たな価値を源泉として，自社サイトやプラットフォームの価値を上げ（受益③，受益④），広告主を呼び込むという好循環を回すことでビジネスを維持している。インターネット上のコンテンツやプラットフォームが有料であったならば，多様なコンテンツが創造される現状は実現しなかったであろう。そして，定額料金制のブロードバンドインターネットが，ユーザによる価値創造を支えた。必要な情報の受発信に対価を支払い，ボランタリーにコストを負担してまで他のユーザや企業のために情報を受発信しようというユーザは少ないであろう。定額料金制は，ユーザによる価値の第三者提供において，大きな役割を果たしている。

商用サービス以外にも，P2P[20]を利用した地震情報サービス[21]等の非商用サービスが登場しており，インターネット上でユーザ主導型の価値創造連鎖が回り続けている。ブロードバンド回線の急速な普及により，広帯域な映像アプリケーションを容易に利用することが可能になり，これがユーザによる価値創造を加速させたと言える。

　ブロードバンドインターネットに関連する各主体がそれぞれ異なった貢献をしつつ，適度にもたれあう関係のもと，崩壊することなく続いている自由な場で，3つの外部性が発生している。
　1つ目が，ユーザ間で発生している外部性である。インターネット上のコンテンツやプラットフォームでは，ユーザがコンテンツを利用し，それに付加価値を加えて共有することで，別のユーザが新たな価値を創造するというサイクルがまわっている。これは，市場を介した価値創造ではない。ユーザのコンテンツ提供による外部効果を利用した価値創造である。ここには，ネットワークの外部性が強く働いており，人気のあるコンテンツやプラットフォームに多くの情報が提供される。ネットワークの外部性は，ネットワークに限って発生するものではない。広義に捉えれば，ネットワーク以外でも類似の現象が発生しており，ユーザとサプライサイドの意思決定に影響を与えている。例えば，ユーザによるゲーム機の選択は，ソフトウェアの充実度という潜在的利便性によって左右される[22]。これは，そのゲーム機を所有する人数と関連する問題である。多くの人数が所有するゲーム機向けにソフトウェアを開発する方がビジネスチャンスは多い。利用者にとってもソフトウェア供給者にとっても，利用者ネットワークが大きいゲーム機のほうが魅力的である。また，コンピュータのOSや録画機器などの工業製品に関する技術

---

20) ネットワーク上で対等な関係にある端末間を相互に直接接続し，データを送受信する通信方式〈http://e-words.jp/w/P2P.html〉（閲覧日：2017年12月27日）。
21) P2P 地震情報〈http://www11.plala.or.jp/taknet/p2pquake/〉（閲覧日：2008年9月2日）。
22) 植草ほか[2002]，89ページ。

も，多くの利用者を獲得したものがデファクトスタンダードとして生き残っていく。これもネットワークの外部性の一例である。

2つ目が，ユーザとコンテンツ・プラットフォーム事業者間で発生している外部性である。コンテンツやプラットフォームの魅力が高いほど，多くのユーザが利用する結果，新たな価値創造が生まれる可能性が高くなり，コンテンツやプラットフォームそのものの価値も向上する。コンテンツやプラットフォームの価値が高まれば，それらを提供する事業者は，コンテンツやプラットフォームの価値を源泉にビジネスを行うことが可能になる。価値を創造するユーザが存在しなければ，コンテンツやプラットフォームの価値は向上しない。

3つ目が，ブロードバンドインターネット環境を構築する通信事業者とコンテンツ・プラットフォーム提供事業者の間で発生している外部性である。ブロードバンドインターネット環境で利用可能なコンテンツやプラットフォームの増加に伴い，ブロードバンドインターネットに未加入であったユーザが加入を考えるようになるという効果が期待される。ブロードバンドインターネットがなければ，コンテンツやプラットフォーム提供事業者のビジネスは成り立たないが，コンテンツやプラットフォームがなければユーザにブロードバンドインターネット加入インセンティブが働かない。ブロードバンドインターネット環境の普及により，映像ストリーミング等の広帯域サービスが登場し，アクセス回線提供事業者や既存の電話事業の収益を圧迫するVoIP[23]等の新サービスも登場した。これにより，「ネットワークの中立性」や「インフラただ乗り論」等，ISPやアクセス回線提供事業者の追加設備投資負担問題に注目が集まるようになった。米国では，地域通信事業者（RBOCやCATV事業者）がGoogleやYahoo!，Amazon[24]等の上位レイヤーサービス提供者やIP電話事業者に対してネットワーク利用料の支払いを求める議

---

23) TCP/IPネットワークを使って音声を送受信する技術（Voice over Internet Protocol）。〈http://e-words.jp/w/VoIP.html〉（閲覧日：2008年9月2日）。

24) 〈http://www.amazon.co.jp〉（閲覧日：2008年9月2日）。

論が展開された。我が国においても，通信事業者とコンテンツ提供事業者との間で同種の議論が起こった。この現象をコンテンツやプラットフォームの提供事業者からみれば，通信事業者が「コンテンツやプラットフォーム提供事業者にただ乗りしている」ということもできる。通信事業者は，コンテンツやプラットフォームの拡充に伴い，ブロードバンドインターネットサービスへの新規加入者の確保という機会を得る。通信設備への投資回収という面からは相反する事業者が，インターネットの外部性ゆえに，双方向のフリーライド関係にあることがわかる。

3 ユーザによる価値創造と混雑問題

　参加型ネットワークにおける多様な主体による競争的なサービス提供は，サービスの多様化，料金の低廉化をもたらし，ユーザによる価値創造を促進した。その一方で，ユーザによる価値創造が盛んになるほど，ネットワークを流れるトラヒック量が増加し，混雑問題が発生している。多様なサービス，低廉な料金という参加を促す誘因が，ユーザサイドには混雑による情報受発信インセンティブの低下，サプライサイドには混雑緩和のためのネットワーク維持・増強費用問題として現れ，参加を阻害する要因にもなっているという矛盾が発生している。

　混雑問題は，ネットワークの外部性のマイナスの効果であると言える。ネットワークの外部性は，ユーザサイドからもサプライサイドからもプラスの効果に言及されることが多い。すなわち，ネットワークへの加入者が増加すればするほど，ネットワークの加入者にとっての価値は増加し，サプライサイドは固定費の分散先が増加することで規模の経済性を享受できるようになる[25]という効果である。しかし，ネットワークの外部性にはマイナスの効果もある。ネットワークは利用者が増加するほど価値が向上する一方で，利

---

[25] 植草［2000］，44-45ページ。

用者が増加するほど混雑状態が悪化する。

　混雑問題は，ユーザサイド，サプライサイドの双方に影響を及ぼす。ブロードバンドインターネットで混雑が発生すれば，ユーザサイドは通信速度の低下等の不利益を被り，価値創造が鈍化する。しかし，現状のユーザ料金では，ユーザサイドに混雑緩和を促すインセンティブが発生しない。ユーザが支払うアクセス回線料金やインターネット接続料金は回線速度別の常時接続定額制であるため，使っても使わなくてもユーザが支払う料金は同じである。そのため，ユーザサイドにアクセス回線やインターネットへの接続帯域を効率的に利用しようというインセンティブは働きづらい。

　このとき，サプライサイドの通信事業者には，ユーザがより良い通信環境を求めて他社に流出しないよう，設備増強等の混雑緩和策が必要になる。しかし，参加を促すインセンティブである低廉なユーザ料金からは，設備増強費用の捻出が難しい。一部のヘビーユーザによる通信帯域の過剰利用[26]は，インターネットのトラヒック増加による混雑問題を発生させ，ISPの設備増強費用負担問題や帯域制御問題がネットワークの中立性問題の一部として議論された[27]。これに対処するための1つの行動指針として，電気通信事業者団体によって帯域制御に関するガイドラインが策定され，公表されている[28]。帯域制御ついては，映像配信サービス等の広帯域アプリケーションの一般ユーザへの浸透に伴い，ヘビーユーザとライトユーザの差が縮まってくれば，その効力が弱くなる可能性が指摘されている[29]。一方，米国では，一部の事業者が，ヘビーユーザからの追加料金徴収を計画している。タイムワーナー・ケーブル（CATV事業とISP事業を兼業している大手通信会社）が，1ヵ月間のデータ転送量が一定量を超えた場合に追加料金を徴収する料金体

---

26) 特に，P2Pファイル交換ソフトのヘビーユーザによる帯域占有が問題になった。
27) 総務省［2007b］9月20日〈http://www.soumu.go.jp/s-news/2007/070920_6.html#bt〉（閲覧日：2008年7月30日）。
28) 社団法人日本インターネットプロバイダ協会ほか［2008］。
29) KDDI株式会社［2008］6月27日〈http://www.soumu.go.jp/joho_tsusin/policyreports/chousa/internet_policy/pdf/080627_2_si5-6.pdf〉（閲覧日：2008年7月30日）。

系導入のためのトライアルを計画していることを公表した[30]。

インターネット上のコンテンツやプラットフォームの多くは無料で提供されており，誰もが容易にアクセス可能であるため，あるユーザが生成したコンテンツに別のユーザが付加価値を付け，それを共有することで新たな価値が創造されている。これにより，コンテンツやプラットフォームを介した「ユーザによる価値創造ネットワーク」の価値が加速的に増幅している。ユーザが創造する価値を，多様な企業が広告媒体やビジネスチャンスとして利用することで，インターネット上の多くのサイトやコンテンツが無料で提供されている[31]。

混雑問題が深刻化すれば，ユーザサイドにおけるコンテンツの閲覧回数やプラットフォームの利用回数が減少し，価値創造が鈍化する。その結果，コンテンツやプラットフォームの価値は低下し，広告モデル等，参加型ネットワークを維持するための仕組みがうまく機能しなくなる可能性がある。そのため，ユーザによる価値創造と混雑問題の矛盾を解消する必要がある。

4 ユーザによる価値創造とデジタル・デバイド[32]

e-Japan戦略等の推進により，我が国におけるブロードバンド環境整備は劇的な進歩を遂げた。2007年3月末時点で，全市町村の98.6％にあたる1,802団体で何らかのブロードバンドサービスが利用可能となり，何らかのブロー

---

30) Holahan, Catherine, "Time Warner's Pricing Paradox: Proposed changes in the cable provider's free for Web use could crimp demand for download services and hurt Net innovation," Business Week, January 18, 2008 〈http://www.businessweek.com/technology/content/jan2008/tc20080118_598544.htm〉〈閲覧日：2008年10月6日〉．

31) ユーザが生成するblogやホームページへ企業やオンラインショッピングサイト（Amazon等）へのリンクを掲載し，そのサイトの閲覧者がサイト内のリンクを経由して企業が提供するサービスへの登録を行ったり，商品を購入したりした場合，サイト開設者に報酬が支払われる「アフィリエイト」と呼ばれる広告手法も増加している。

32) 本書では通信環境へのアクセスを持つものと，持たざるものとの間に生じる格差のことを指す。

ドバンドサービスが利用可能な世帯数は全体の95.2％にあたる4,863世帯になった[33]。ブロードバンド未整備地域は全世帯数の５％を切る値にまで減少した。様々なブロードバンド普及策の結果，ブロードバンド基盤の整備状況は，2015年３月末で，超高速ブロードバンドが，99.98％（固定系は99.0％）となっており，残り約１万世帯が未整備となっている。ブロードバンドは，100％（固定系は99.9％）となっている[34]。

　ブロードバンドインターネットの普及に伴い，ユーザがインターネット上のコンテンツやプラットフォームを利用して新たな価値を創造し，外部性によって情報価値やコンテンツが増幅していく一方で，ブロードバンド通信環境がないため，価値創造に加われない人々が存在する。残されているブロードバンド未提供地域は，人口が少なく，採算を取るために十分な加入者数を確保できないことから，民間事業者単独での事業展開は難しい。補助金を利用してブロードバンド通信環境を構築した場合にも，高齢化で人口が減少傾向にある過疎地域において，サービスを維持するに足る十分な利益を継続的に確保するには課題が多い。そのため，効率性と持続性を重視したブロードバンド通信環境整備を考えたい。

　固定電話がユニバーサルサービスとして全国津々浦々提供されている一方で，ブロードバンド通信サービスは奢侈品としてビジネス原理のもと競争環境下で普及してきた。ブロードバンド通信環境の普及に伴い，ブロードバンド通信環境が単にインターネットへのアクセス手段を意味するのではなく，遠隔医療，遠隔教育，放送等の公共性の高いサービスの提供に利用されるようになっている[35]。奢侈品として競争環境下で普及してきたブロードバンド通信環境が，公共性の高いサービスの提供にも利用される機会が増加すると，通信環境へのアクセスを持つものと持たざるものとの差が大きな問題となる。

---

33) 総務省報道資料［2007］６月15日〈http://www.soumu.go.jp/s-news/2007/070615_3.html〉（閲覧日：2007年12月13日）。
34) 総務省［2016］「ブロードバンド基盤の整備状況（2015年３月末現在）」〈http://www.soumu.go.jp/main_sosiki/joho_tsusin/broadband/〉（閲覧日：2017年９月15日）。
35) Ida［2006］，p. 66に同様の指摘がある。

特に，高齢化率の高い過疎地域では，通信環境へのアクセス格差の是正に加えて，介護，医療等，ブロードバンド通信環境を通じた公共性の高いサービスの提供も重要な課題となる。奢侈品と必需品という2つの側面を併せ持つブロードバンド通信環境の整備・維持方法について考える必要がある。

5 ユーザサイドとサプライサイドの調和

　参加型ネットワークには，多様な主体によるサービス提供，低廉な料金という参加を促すインセンティブが参加を阻害する要因にもなるという矛盾が存在する。ユーザサイドとサプライサイドの調和という観点からこの矛盾について整理すると，次の3つの課題をあげることができる。

　1つ目が，参加を促進させるユーザ料金と参加型ネットワークの投資回収問題である。ネットワークは利用者が増加するほど価値が向上する。そのため，なるべく多くの人が利用可能な料金で提供されることが望ましい。その際，低所得者の利用を排除しないため，多くの人が利用可能な料金をどのような考え方に基づいて設定するかというユーザサイドの問題に加え，その料金でいかに投資を回収するかというサプライサイドの問題も解かなければならない。膨大な投資を必要とするブロードバンドインターネット環境を構築・維持する場合，単にユーザ料金を下げるだけでは，投資回収に至る前にサプライサイドの事業存続が危うくなる。

　2つ目が，既存の料金体系におけるユーザからの収入総額とトラヒックの伸び率のアンバランスである。**表1-1**に示したように，インターネットトラヒックの総量は，ここ数年で劇的に増加しており，ブロードバンド回線利用者1人当たりのトラヒック量も年々増加している。**表1-1**の2004年と2007年を比較すると，ブロードバンド契約者のダウンロードトラヒックの推計値が2.5倍の伸びを示しているのに対し，ブロードバンド回線利用者数の伸びが1.4倍となっており，利用者数の伸び率よりもトラヒック量の伸び率のほう

が大きいことがわかる。このことから，ユーザによる価値創造を促すインセンティブの1つとしての低額な定額料金制のもと，ISPの収入増を上回る速度でネットワーク構築・運営コストが増加している可能性があることが推測できる[36]。

3つ目が，需要量の変動と通信設備の投資特性である。通信設備は，一定程度のピークトラヒックを見込み，それに対応できる設備容量を先行投資し，利用者増加・利用時間増加・利用帯域増加等の要因により設備容量の限界に近づくと追加設備投資を行う。通信設備を流れるトラヒックは，1日単位でみても，1週間単位でみてもピーク時と閑散時が存在する。そのため，閑散時には，通信事業者にとって収益を生まない余剰帯域が存在する。サプライサイドからは，通信設備の利用効率をあげるため，トラヒックを平準化し，ピーク時と閑散時のギャップを減らすことが望ましい。一方，ユーザサイドに着目すると，ピーク時の帯域逼迫度合いはますます高まる傾向にあると言える。インターネット接続サービス開始当初から，トラヒックのピークは21時〜23時頃にあるという。インターネットトラヒックの総量は，ここ数年で劇的に増加しており，ブロードバンド回線利用者1人当たりのトラヒック量も年々増加している（表1-1）。総契約者数に対するピーク時と閑散時の利用者割合が不変とするならば，映像のストリーミング配信等，広帯域アプリケーションの利用者数増加に伴い，ピーク時の帯域逼迫度合いは高くなる。これを解消するために追加設備投資を行うと，サプライサイドには閑散時に大きな余剰帯域が発生することになる。ユーザサイドの満足度向上が，サプライサイドの収益悪化につながる矛盾が存在している。

ユーザサイドとサプライサイドの調和を図り，サプライサイド，ユーザサイドの双方からの参加インセンティブを確保しながら，参加型ネットワークを構築・維持することを考えたい。

---

[36] 社団法人日本インターネットプロバイダ協会，「インターネット政策懇談会第5回資料　ISPを取り巻く状況と提案」，2008年6月27日，にも同様の指摘がある〈http://www.soumu.go.jp/joho_tsusin/policyreports/chousa/internet_policy/pdf/080627_2_si5-2.pdf〉（閲覧日：2008年7月30日）。

表1-1　ブロードバンド契約者とトラヒック量（2008年5月当時）

		2004年	2005年	2006年	2007年
①	ブロードバンド契約者のダウンロードトラヒック総量（推計値）[*1]	323.6Gbps	468.0Gbps	636.6Gbps	812.9Gbps
②	ブロードバンド回線利用者数[*2]	4,117万人	4,582万人	5,687万人	5,828万人
③	ブロードバンド回線利用者1人当たりのトラヒック（①÷②）	8.24kbps	10.71kbps	11.74kbps	14.63kbps

[*1] 各年とも11月の集計値。FTTH，ADSLの利用者を集計。
（総務省［2008］2月21日）
[*2] 各年とも12月の集計値。FTTH，ADSL，CATV，第三世代携帯電話（PC接続の場合），固定無線回線を集計。
（総務省［2008］4月18日）

異種アプリケーションの同一基盤への相乗り

　参加のインセンティブを確保しながら，ブロードバンドインターネットを整備・維持する1つの方策として，異種アプリケーションの同一基盤への相乗りが考えられる。

　我々が利用している放送や通信，行政用や商用のアプリケーションは，個別のネットワークを構築して提供されているものが多い。それは，これらのアプリケーションの用途や性質，帯域利用ニーズが異なっているためである。しかし，現状の提供方法はソフトウェアやインフラへの二重投資という非効率性を内包している。電気通信事業法と放送法，行政財産の民間開放等，制度上の垣根が存在するものもある。しかし，技術的には，これら異種アプリケーションが同一基盤に相乗りすることが十分可能になってきた。

　異種アプリケーションの同一通信基盤への相乗りが実現すれば，その効用は大きい。

　第一に，人口が少なく採算面での課題を抱える過疎地域では，通信，放送，防災，医療，介護，教育等，複数のアプリケーションが同一基盤を共用する

ことにより，重複投資を避け，設備利用効率を上げ，サービスごとに異なるネットワークを利用していた需要を集約することで，少ない加入者数であってもビジネスベースでの投資回収が期待できるようになる。これにより，効率的にデジタル・デバイドを解消することが可能になる。補助金を利用して初期投資を行った場合にも，通信基盤の運用・維持には課題が残る。なぜならば，過疎地域等の条件不利地域では人口が減少傾向にあり，利用料収入から通信基盤の維持費用を捻出し続けることが難しいからである。ビジネスベースでの投資回収を実現することは喫緊の課題であると言える。

　第二に，混雑問題を解消し，有限の帯域を多人数で満足度高く使うことが可能になる。現在我々が利用しているインターネットには，既に，多様な帯域利用ニーズをもった複数のアプリケーションが相乗りしている。例えば，リアルタイム性が求められる映像伝送サービスやVoIPサービス，短時間で確実に伝送したい通信（メールの送受信，ファイルのダウンロード等），空き帯域を利用しながら低速で長時間かけて伝送してもよい通信（すぐに視聴しない映像ファイルのダウンロード等）など様々な帯域利用ニーズがある。この場合，帯域利用ニーズに合わせた多様な料金設定を行うことで通信帯域の効率的利用を促し，混雑を緩和しながら，事業者の投資回収を実現できる可能性がある。そして，防災や医療等，用途の異なるアプリケーションが相乗りすることで，有限の帯域を多人数で満足度高く使うことが可能になる。なぜならば，用途の違いにより，帯域への需要発生時期が異なるためである。例えば，防災無線のトラヒックは非常時に発生するが，平時には発生しない。防災無線が相乗りに参加することにより，平時の空き帯域を有効活用することが可能になる。また，医療機関のトラヒックは平日昼間の診療時間内に多く発生することが想定される。夜間に利用が集中する一般ユーザと昼間に利用が集中する医療機関用のアプリケーションが相乗りすることにより，昼夜のトラヒック需要ギャップを埋めることが可能になる。

　異種アプリケーションの相乗りを実現するためには，「異」の分類基準を共通の概念に統合したうえで可視化する必要がある。次節では，優先度概念

の導入可能性について検討する。

7 優先度概念の導入可能性

　本書では「異種アプリケーション」の「異」の分類基準を，①放送，通信，医療，教育，営利事業等のアプリケーションの用途の違い，②社会的なものか私的なものかというアプリケーションの利用目的の違い，③アプリケーションの設備や制度への被拘束性（アプリケーションと設備や関連事業法との関連性の強さ），④帯域利用ニーズ（帯域の安定的・排他的な利用と支払意思との関係），の4つに大別した。本節では，4つの「異」の分類基準の相互関係を整理したうえで，異種アプリケーションの4つの「異」の分類基準を優先度概念に統合することを提案する。

　参加型ネットワークにおける異種アプリケーションの相乗りを図1-3に示した。異種アプリケーションの相乗りが実現している参加型ネットワークにおいては，アプリケーションの提供主体と利用主体が存在する。アプリケーションの提供主体は，別のアプリケーションの利用主体である場合もあり，

図1-3　異種アプリケーションの相乗り

1つの主体がユーザサイド，サプライサイドを兼ねることがあるのが従来の電話事業との大きな相違点である。

次に，異種アプリケーションの相乗りと4つの「異」の分類基準との関係を図1-4に示した。

図1-4　異種アプリケーションの相乗りと4つの「異」の分類基準との関係

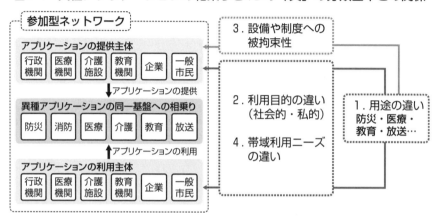

1つ目の「異」の分類基準である用途の違いは，アプリケーションの提供主体・利用主体の双方に，2つ目の「異」の分類基準である利用目的（社会的・私的）の違いと，4つ目の「異」の分類基準である帯域利用ニーズの違いとして現れる。例えば，緊急通報（110番，119番）の帯域利用ニーズに着目すると，狭い帯域でも安定的・排他的に利用できることに対するニーズが強いことが想定される。また，緊急通報の利用目的は，社会的な側面が強いと言える。次に，映像伝送に着目すると，広帯域を安定的に利用できることに対するニーズが強いことが想定される（安定して映像が伝送できれば利用の排他性を確保する必要性はない）。また，映像伝送の利用目的には，社会的なものと私的なものが混在していると言える。テレビ放送は社会的な側面が強いが，VOD（Video on Demand）による映像配信は私的な側面が強いと分類することができる。アプリケーションの用途が異なると，利用目的（社

会的・私的)と帯域利用ニーズ(帯域の安定的・排他的利用)が大きく異なる。そのため,現状では,これらのアプリケーションは,個別に構築したネットワークを介して提供されている。しかし,技術的には,異種アプリケーションが同一基盤に相乗りすることが可能になってきている。この背景には3つ目の「異」の分類基準であるアプリケーションの設備や制度への被拘束性(アプリケーションと設備や事業法との関連性の強さ)の弱まりがある。アプリケーションの設備や制度への被拘束性は,アプリケーションの用途に起因するもので,アプリケーションの提供主体のビジネス環境に影響を与える。ある用途のアプリケーションを提供する場合に特定の設備が必要となることを設備被拘束性が強いという[37]。放送を提供するために大規模な放送設備が必要になることがこれにあたる。そのため,設備被拘束性の強いアプリケーションを提供する際には,専用のネットワークが構築されていた。また,電気通信事業法と放送法等,アプリケーションと制度の結びつきが強いものがある。これは,アプリケーションの制度への被拘束性が強い状態であると言える。ここでのポイントは,技術進歩に伴い,アプリケーションの設備や制度への被拘束性が弱くなってきていることである。インターネットを利用した放送の再送信や,通信・放送と縦割りで整備されてきた法体系を一本化する動き等が被拘束性の弱まりを表している。設備や制度への被拘束性という3つ目の「異」の分類基準は,技術進歩やユーザの進化,技術の社会的受容過程,法制度の改定とともに変化することを念頭に置いておく必要があろう。

　異種アプリケーションを同一基盤に相乗りさせる際,アプリケーションの用途の違いに起因する利用目的(社会的・私的)の違いと帯域利用ニーズの違いは,優先度概念で一本化することができる。帯域の安定的・排他的利用に対するニーズは,そのアプリケーションを利用する通信がネットワークの中でどの程度優先的に取り扱われるかという指標に置き換えることが可能である。現在,帯域の安定的・排他的利用に対するニーズが強いアプリケーシ

---

[37] 北 [1974], 49ページ。

ョンは，専用の伝送路を利用して個別に伝送されているが，多様なアプリケーションが相乗りする基盤での優先的取扱が可能になれば，専用の伝送路を利用した場合と同程度の効用を得ることができる。

　また，利用目的については，社会的・私的に重要性・必要性が高いアプリケーションは，通信を優先的に取り扱うことを要求していると言える。本書では，社会的な重要性や必要性が高いアプリケーションを，「あるアプリケーションを利用することによる便益が多くの人に発生し，外部性のあるもの」と位置づける。消防，救急，防災，医療，生活保障等，行政の関与度が高いサービスが利用するアプリケーションには，多くの人が受益者となり，外部性のあるものが多い。外部性については，医療サービス（アプリケーションではないが）を例にとると次のように説明できる。健康保険制度が整備されていることで安価に医療サービスを享受することが可能になっていることは，伝染性疾患の罹患者の受診を促し，疾病の拡大抑止につながる。医療サービスを享受する個人のみならず，周囲の第三者にも便益が及ぶ例である。一方，私的な重要性や必要性の高いアプリケーションについては，「私的な事情からアプリケーションを利用することによる便益が特定の個人にのみ発生し，外部性のないもの」と位置づけられる。例えば，大災害発生時，外出先から自宅のペットの様子を把握することに重要性や必要性を強く感じる個人がいる場合，災害時の遠隔ペット監視アプリケーションが私的な重要性や必要性の高いアプリケーションとなる。

　次に，通信の優先度について，ユーザにとっての通信（1bps）の価値という観点から考察する。図1-5に示したように，ユーザにとっての通信の価値は，利用するアプリケーションの重要性・必要性によって決まる。アプリケーションの重要性・必要性は，その利用目的に鑑み，2つ目の「異」の分類基準である社会的なものと私的なものの2つに大別することができる。

図1-5 サービス提供主体とユーザの関係

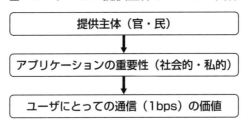

　通信の優先度概念は，行政の防災無線，電話事業における重要通信，ユニバーサルサービスの一部としての緊急通報等にみることができる。これらは，社会的な重要性や必要性が高い通信であり，補助金や基金制度によって提供を保証する制度が運用されている。本書では，ここに，私的な事由により優先度の高い通信を確保したいという利用者ニーズを料金体系に組み込み，参加型ネットワークを構築・維持するうえでの有効性を検証する。

　例えば，大災害発生時に，自宅のペットの様子を見ることに重要性と必要性を強く感じ，高額な料金を払ってもよいというユーザがいることが想定される。この場合，優先度概念を利用することで，帯域が逼迫し，1bpsの希少性が高くなる非常時に，社会的な重要性・必要性が高いサービスと，私的な重要性・必要性が高いサービスを混在させることが可能になる。これにより，私的な便益に対し，多額の支払意思を持つユーザからの収入で，社会的な重要性・必要性の高いサービスを安価に整備・維持できる可能性が出現する。

　本書における通信の優先度概念は，通信の優先的取扱権の強弱として位置づけられる。通信の優先的取扱権とは，「ある帯域を必要性が発生したある時点で優先的に取り扱うことを要求する権利」のことを指す。これは，「ベストエフォートでそこそこ実現される優先的取扱い」という位置づけであり，伝送路や帯域の専有を保証しようとするものではない。

　優先度概念を利用した相乗りは，我々の身の回りにも存在する。例えば，道路における一般車両と緊急車両の相乗りがこれにあたる。緊急車両は，サ

イレンを鳴らし，赤色灯を点滅させることにより，緊急車両である旨を周囲の車両に知らせ，道路を最優先で通行していく。この際，緊急車両用の道路が常時確保されているわけではなく，1つの道路に一般車両と緊急車両が相乗りしている。「緊急車両が赤色灯を点滅させてサイレンを鳴らしながら走ってきたら道を譲る」というルールが存在することで，道路という1つのインフラに優先度の異なる複数車両の相乗りが実現している点が重要である。変化する道路状況に応じて各ドライバーの判断のもと「その時にできる最も安全な方法と範囲内で」最優先の緊急車両に道を譲ることは，道路インフラにおけるベストエフォートでの優先・劣後の通行権の実現と捉えることができる。また，相乗りと投資回収という点に着目すると，鉄道や飛行機で1運行あたりの収益最大化を目的として，乗客の支払意思とサービス・クラスに応じた座席区分が設けられている例がある。新幹線や特急電車の指定席やグリーン車，飛行機のビジネスクラスやファーストクラスなどがこれにあたる。

　異種アプリケーションが同一の通信基盤に相乗りする際，優先度概念を導入することで，サプライサイドからは，設備利用効率の向上，重複投資の回避，収益構造の改善等が，ユーザサイドからは，利用料金の低廉化，混雑回避等の効果が期待される。

第2章

参加型ネットワークと優先度概念

オープン・アクセス財

　Tisdell［1999］は，利用に関する排除性と競合性に着目して，財を**図2-1**のように分類している[1]。

図2-1　排除可能性と競合性による財の分類

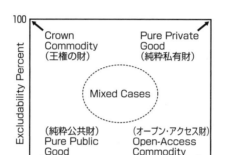

出所：Tisdell［1999］，p. 42 をもとに筆者が加筆。

　純粋公共財（Pure Public Good）は大勢の人が同時に利用できるため，排除性が低く，競合性も低い。この対極に位置するのが純粋私有財（Pure Private Good）で，排除性，競合性ともに高い。競合性は高いが，排除性が低いものがオープン・アクセス財（Open-Access Commodity）である。オープン・アクセス財の対極に位置するのが王権の財（Crown Commodity）であり，王族が排他的に利用するため，排除性が高く，競合性が低い。Tisdell［1999］は，純粋私有財以外では市場の失敗が発生し，持続的提供に悪影響が出る可能性を指摘している[2]。

　本書が考察するのは，Tisdell［1999］の分類におけるオープン・アクセ

---

[1] Tisdell［1999］, pp. 41-42.
[2] Tisdell［1999］, p. 42.

ス財に相当するサービスである。その中でも，ユーザによる価値創造という特性を持ったものを参加型ネットワークと呼び，参加型ネットワークとしてのブロードバンドインターネットについて考察する。ブロードバンドインターネットは，対価を支払えばアクセス可能で，時には無料で利用することも可能であるため，排除性が低い。また，アクセスが集中すると回線速度が低下したり，サーバの処理速度が低下したりするため，競合性が高い。これらの性質から，インターネットは，オープン・アクセスなサービスに分類することができる。また，技術進歩により事業構造のレイヤー化が実現し，サプライサイドからは多様な主体によるサービス提供という参加が，ユーザサイドからはユーザによる価値創造への参加が実現したことから，参加型のネットワークということができる。

オープン・アクセス財の持続的な提供には大きな問題が2つある。

1つ目が，資源の過剰利用に関する問題である。誰もが利用可能（オープン・アクセス）な資源は，過剰利用が起こり，やがて枯渇する。Hardin[1968]は，共有の牧草地を例に，オープン・アクセスな資源の過剰利用による資源枯渇メカニズムを「コモンズの悲劇」として説明している[3]。誰もが利用できる牧草地では，牧夫が家畜を一頭追加することによる利益（家畜の売却によって得られる利益）は家畜の所有者である牧夫に帰属するが，家畜一頭を追加することによるコスト（牧草の消費速度が速くなること等）は牧草地を利用するすべての牧夫に分散される。牧夫が得られる利益がコストよりも大きい状態で，各牧夫が利益の最大化を目指す結果，過放牧が起こり，牧草地が荒廃する。資源の枯渇を防ぐための方策として，牧草地の私有化や，アクセス制限の付加があげられている。オープン・アクセスな資源の過剰利用防止のために，資源へのアクセスをコントロールするという概念は様々な分野で導入されている。例えば，水産資源へのアクセスを漁業権によって制限することがこれにあたる。

コモンズの悲劇はインターネットでも発生し得る。インターネットの利用

---

3) Hardin [1968], pp.1244-1245.

による便益はユーザ個人に帰属する。一方，インターネットの利用による回線やサーバの混雑というコストはユーザ全体に分散される。利用者が得る便益がコストよりも大きい状態で，各ユーザが便益の最大化を目指して行動する結果，過剰利用が発生し，ネットワークの混雑がひどくなる。例えば，一部のヘビーユーザがネットワークの帯域を多く消費することで他のユーザに影響が及ぶことや，混雑時にユーザが殺到することで混雑が増長されることがこれにあたる。ヘビーユーザについては，第1章3節で述べたように，一定期間に一定量以上のトラヒックを発生させるユーザに追加課金をする，帯域制限を行う等の対応策がとられている。しかし，ユーザによる価値創造を阻害しないためには，情報の受発信にかかる費用が低廉で，自由に使える環境が存在する方が望ましい。牧草地とインターネットが異なる点は，財やサービスを消費するものが新たな価値を創造するか否かという点である。牧草地の草を消費する動物は，牧草の消費によって新たな価値を創造しないが，インターネットの帯域を消費するユーザは，新たな情報価値を創造している。接続時間や情報受発信量にかかわらず定額という料金のもと，口コミサイトや動画投稿・共有サイト，SNS，blog等を通じたユーザによる価値創造が活発になり，ユーザが創造する価値を源泉にインターネットにおける広告モデルが発展してきた。インターネットでは，ユーザによる価値創造の連鎖を鈍化させないために，追加的な課金や帯域制御によるアクセス制限以外の資源の有効利用策を考える必要がある。

　2つ目が，資源の提供メカニズムに関する問題である。図2-1に示したそれぞれの財が提供されるメカニズムを考えると，オープン・アクセス財の提供メカニズムが，他の財に比べて複雑なものであることがわかる。王権の財（Crown Commodity）は，そもそも市場メカニズムを通じた提供が想定されておらず，王権の範囲で供給・利用が行われる。純粋公共財（Pure Public Good）は，市場に委ねると供給が過少になるため，税収等を財源として市場メカニズムの外で供給される。純粋私有財（Pure Private Good）は，基本的に市場メカニズムを通じて提供されるが，米や塩などの生活に必

須である食料品，タバコや酒などの嗜好品では価格規制が行われる場合もある。オープン・アクセス財（Open-Access Commodity）は，市場メカニズムを通じて提供される場合もあれば，市場メカニズムを介さずボランタリーに提供される場合もある。いずれの場合も，不特定多数の利用者がアクセス可能であるため，何の管理もされないと過剰利用や混雑問題が発生する。しかし，公共財ではないため，政府による税収を財源とした一元的な供給体制にはなじまない。また，サプライサイドからみると，不特定多数が利用する場合，財の利用対価の回収が難しいため，持続的な財の維持・提供に関するインセンティブが働きづらいという問題がある。

最後に，オープン・アクセスとコモンズの違いについて言及しておく。Hardin［1968］は，オープン・アクセスな牧草地を「コモンズ」と呼んでいるが，「コモンズ」という言葉は多義的な概念で確固たる定義が存在しない。井上・宮内編［2001］は，コモンズという用語には，共有資源そのものと，共有資源をめぐる人と人との関係を規定する所有制度の2つの意味が含まれていることを指摘したうえで，コモンズを「自然資源の共同管理制度，および共同管理の対象である資源そのもの」と定義している[4]。また，秋道［2004］は，communal land（共有地），common property（共有財産），common pool resources（共有資源）[5]等の用語が表すように，コモンズが多義的な概念であることを指摘したうえで，コモンズを「共有のものとされる自然物や地理的空間，事象，道具だけでなく，共有資源（物）の所有と利用の権利や規則，状態までをも含んだ包括的な概念と位置づけ」ている[6]。

Hardin［1968］がオープン・アクセスな牧草地をコモンズと呼んだことに対し，オープン・アクセスとコモンズは同義ではないという指摘がある。

---

[4] 井上真［2001］，8-13ページ。
[5] Ostrom［1990］，p.30. では，common-pool resourceを，潜在的な受益者を排除することに膨大な費用のかかる（不可能ではないが）自然ないしは人工の資源システムであるとしている。
[6] 秋道［2004］，12-14ページ。

宇沢［2003］は，誰でもアクセス可能なオープン・アクセスに対し，コモンズは実際の利用者が特定の村や地域に限定されることが多く，利用に際しての規則が厳しく定められていることから，オープン・アクセスとコモンズは同義ではなく，区別すべきだと指摘している[7]。

　本書では，コモンズではなく，オープン・アクセスに焦点を絞り，多くの主体がアクセス可能なオープン・アクセス・サービスの中でも，ユーザサイド，サプライサイドの双方が価値創造プロセスに参加する「参加型ネットワーク」の持続的な提供方法について考察する。参加型ネットワークとしてのインターネット上のコンテンツはオープン・アクセスなものが多く[8]，なおかつ利用者間で共有されているコモンズ的な性質を有したものが多い。その一方で，インターネットへのアクセスを実現する通信サービスの提供には，複数の企業が所有する財産とその利用に関する権利が重層的に関連している。これら複数企業の利益最大化条件を満たしつつ，オープン・アクセスな参加型ネットワークを実現するためにどのようなインセンティブ設計をすればよいかという問題は，大きな課題である。

2　オープン・アクセス・サービスとしての参加型ネットワークの特性

（1）ユーザによる価値創造

　オープン・アクセスな参加型ネットワークでは，ユーザによる価値創造が行われている。ブロードバンドインターネットの普及に伴い，多様なコンテンツやアプリケーションが増加した。ユーザがインターネット上のコンテンツやアプリケーションを利用して新たな価値を創造し，それを共有すること

---

[7]　宇沢［2003］，286-287ページ。
[8]　SNS等，一部のサービスでは，利用に際して既存の利用者からの招待が必要になるクローズドなものもある。

で，さらに別のユーザが新たな価値を創造することにより，創造される価値の総量が増加している。ユーザによる価値創造の核には，オープン性とネットワークの外部性がある。まず，オープン性について事例とともに概観し，次にネットワークの外部性について述べる。

インターネット上で様々な情報の公開や共有が可能になったのは，Web技術によるところが大きい。Web発展の歴史は，「公開（open）」から始まった。1989年，欧州原子核研究機構（CERN）のコンピューターサイエンティストであったTim Berners-LeeがWebの基本概念を構築し，1990年に最初のWebサーバを構築した[9]。1993年，CERNを初めとする物理学の研究機関で使われていたWebを誰もが無料で利用できるように，CERNがWebサーバやソースコード等のWebに関連する技術をパブリック・ドメインに公開した[10]。Web技術の公開により，一般のユーザによる情報発信機会が増加した。Web上の情報量増加に伴い，ポータルサイトや検索エンジンが台頭してきた。Googleの検索エンジンでは，ページランクアルゴリズム[11]による解析結果をもとに，検索ワードにヒットする結果が表示される。ページランクアルゴリズムは，スパイダーと呼ばれる巡回ロボットがWebページを巡回して収集したWebページへのリンク数をもとに，Webページの相対的な重み付けをするものである。Webページの数が増加するほど検索精度が向上するため，ユーザは情報受発信をしながら検索エンジンの精度向上に貢献している。Googleは，検索エンジンの他にも，Gmailと呼ばれるWeb上のメールサービスを提供しており，Gmailのサーバに蓄積されたメールを機械的に解析することで，効果的な広告選択手法や高精度のSPAMフィルタ[12]を構築してい

---

9) Stross [2008], p.23。
10) CERN [1993]〈http://tenyears-www.web.cern.ch/tenyears-www/Welcome.html〉（閲覧日：2008年10月7日）。
11) Googleの検索エンジンがWebページの重要度をはかる指標となるもの。被リンク数とその質によって決定される（SEO HACKS, SEO用語集〈https://www.seohacks.net/basic/terms/pagerank/〉）。
12) 受信したメールの中から，スパムメールや迷惑メールを検出して，削除したり専用の保管場所に移したりすること。また，そのような機能を提供するソフトウェア（IT用語辞典〈http://e-words.jp/w/〉）。

る．これらの価値は，ユーザがGoogleのサービスを利用することで生成される．Web技術の公開により，一般ユーザが単なるサービスの消費者ではなく，サービスの消費を通じて価値を創造する主体になった．Googleの他にも，Amazon等のオンラインショッピングサイトでのコメント機能を利用した情報提供，＠コスメ[13]や価格.com[14]等の口コミサイトを通じた情報提供，アニメやドラマに他言語の字幕をつけたファンサブ（fansub）作品の動画共有サイトへの提供等，ユーザによる様々な価値創造が行われている．

　最もオープンなWebサービスの例として，ウィキペディア（Wikipedia）[15]をあげることができる．ウィキペディアはオンライン上のオープンな百科事典で，誰でも無料で閲覧することができる．内容は，ボランティアによる共同作業で編纂されており，インターネットにアクセスできるユーザであれば，誰でも匿名で編集に参加することができる．2008年9月末時点で，ウィキペディア日本語版に50万件を超える記事が登録されている[16]．ウィキペディアで行われる一般の匿名ユーザによる編集作業の能力を知るために，2005年9月，Esquire Magazineの記者であるA. J. Jacobsによって実験が行われた[17]．実験では，ウィキペディアについて誤字脱字や事実誤認のある709語の文章が作成され，それをウィキペディアにアップして，Esquire Magazineの記事らしく編集することが求められた．ウィキペディアに記事をアップした後，最初の24時間で224回，次の24時間で149回の編集作業が行われ，最終的に771語の文章が完成した．この記事は，実際にEsquire Magazineに掲載された．Jacobsの実験から，ボランタリーな参加者による集合知の可能性を垣間見ることができる．

---

13) 〈http://www.cosme.net/〉（閲覧日：2008年10月7日）．
14) 〈http://kakaku.com/〉（閲覧日：2008年10月7日）．
15) 〈http://ja.wikipedia.org/wiki/%E3%83%A1%E3%82%A4%E3%83%B3%E3%83%9A%E3%83%BC%E3%82%B8〉（閲覧日：2008年10月7日）．
16) 〈http://ja.wikipedia.org/wiki/%E7%89%B9%E5%88%A5:Statistics〉（閲覧日：2008年10月7日）．
17) Terdiman, Daniel, "Esquire wikis article on Wikipedia," CNET News, September 29, 2005 〈http://news.cnet.com/2100-1038_3-5885171.html〉（閲覧日：2008年10月7日）．

また，インターネット上でのユーザによる価値創造には，ネットワークの外部性が関連している。コンテンツやアプリケーションの魅力が高いほど，より多くのユーザが集まる結果，新たな価値が創造され，共有される可能性が高くなる。これにより，Webサイトやプラットフォームの広告媒体としての価値が向上すれば，他企業からの出資によりWebサイトを安定的に運用することが可能になる。より多くのユーザやコンテンツを抱えるWebサイトやプラットフォームが，ユーザにとっても企業にとってもより多くの価値を持つ。これは，Webサイトやプラットフォーム等のバーチャルなネットワークにおいて，ネットワークの外部性が発生していると捉えることができる。Shapiro and Varian [1998] は，鉄道や電話網のように物理的に接続されたリアルなネットワークの他に，ゲーム機，OS，録画機器の規格等のバーチャルなネットワークが存在することを指摘したうえで，ネットワーク経済で発生する現象を「プラスのフィードバック」（positive feedback）という概念を用いて説明している[18]。ネットワークへの加入者が増えれば増えるほどネットワークの価値が増加する（ネットワークの外部性が働く）ため，大きなネットワークのほうが小さなネットワークよりも価値を有するようになる。この時，ネットワークでは，プラスのフィードバックが働いており，強者はますます強く，弱者はますます弱くなる。その結果，「勝者の総どり市場」（winner-take all market）が発生するというものである。インターネットにおけるユーザ主導の価値創造にプラスのフィードバックが働いているとすれば，勝者の総どりプラットフォームやWebサイトが生まれ，そこにプラスのフィードバックが働くことで，創造される価値がますます大きくなることになる。インターネットが普及した昨今，電話時代に比べて，情報ネットワークへのアクセス機会を持つものと持たざるものとの格差が大きな問題になる可能性がある。電話によるユニバーサルサービスは，ライフラインとしての側面もあり，インターネットへのアクセス格差と同列に論じることはできないが，社会的，経済的格差の観点からは解決すべき喫緊の課題であ

---

[18] Shapiro and Varian [1998], pp.13-14, 173-177；訳書，312-314ページ）。

ると言える[19]。

（2） レイヤー間分業による供給主体の多様化

①通信のデジタル化とレイヤー間分業

　アナログからデジタルへという技術進歩によって，垂直統合型の通信事業の構造をレイヤー化することが可能になった。インフラ保有者と通信サービス提供者の分離により，通信サービスレイヤーにおける供給主体の多様化が進んだ。

　かつてシビル・ミニマムとしての必要最小限の通信サービスは，国によって民間，国営といった提供主体の違いはあるものの，独占企業体により内部相互補助の仕組みを利用して維持されてきた。これは，サプライサイドからは，費用逓減産業で規模の経済性が働くこと，ユーザサイドからは，加入者が増加するほどネットワークの価値が高まるネットワークの外部性が存在することに起因する。さらに，技術的な要因として，アナログ時代には，一定の通信品質を確保するためにネットワークから端末まで技術的な統一性が必要であったことがあげられる。アナログ時代は，端末からネットワーク，課金機能まで，すべてが一体となった垂直統合型のクローズドなビジネスモデルで通信事業が行われていた。

②通信のデジタル化とサービス提供主体の多様化

　通信のデジタル化により通信網のアンバンドルが可能となった。その結果，通信市場への部分的参入が可能になり，アナログ時代の電話網のような単一の巨大なネットワークを有しなくても，相互接続によって通信サービスを提供することができるようになった。これにより，設備の所有者とサービスの提供者の分離が実現し，通信サービスの提供者が多様化した。1985年に我が

---

19) 佐々木 [2001]，104-106ページ，では，高度サービスにおいて，Shapiro and Varianのプラスのフィードバック効果が生じると考えられるため，「情報を持つ者と持たない者」の格差が拡大する可能性があることを指摘している。

国の通信市場が自由化されて以来，競争政策は主要な政策課題の１つであった。NTTと新規参入事業者とのネットワークを相互に接続するためのルールや手続きが相互接続制度として整備され，多くの新規事業者が通信市場に参入している。これにより，通信サービスレイヤーでの競争が進展し，料金の低廉化やサービスの多様化が実現した。

通信のデジタル化によって可能になった通信網のアンバンドルを背景に，サービスベースの競争が進展した。これにより，同一設備に複数の通信サービス提供主体が相乗りするようになった。その後，IP通信の登場により，設備とサービスの分離が進み，同一設備に様々なサービス（アプリケーション）が相乗りするようになった。

通信インフラは規模の経済性が働き，自然独占性が強いものであり，独占企業によるサービス提供のほうが費用が少なくなる。複数企業間の競争的なサービス提供で通信事業の効率化を目指そうとする競争原理の導入は，規模の経済性の享受とは逆の考え方である。複数の主体やアプリケーションが同一の通信基盤に相乗りし，通信設備を共同利用することは，効率的資源配分を損なうことになるのだろうか。

競争原理の導入による設備の共同利用と規模の経済性について，植草ほか[2002]は電力産業を例に，両者が必ずしも対立するものではないことを示している[20]。電気事業は発電，送電，配電の３分野で構成されており，送電分野の規模の経済性が最も大きいと言われている。電力市場が自由化されても，送電線を自前で建設する必要があれば参入障壁が極めて高くなり，競争は進展しない。競争促進のためには，既存事業者の送電網の開放が必要であり，規模の経済性の大きい設備が適切に共同利用されれば，規模の経済性と競争は必ずしも対立するものではないというものである。これは，異主体，異種アプリケーションの同一基盤への相乗りによる電気通信設備の共同利用についてもあてはまると言える。

---

20) 植草ほか[2002]，86-89ページ。

③物理インフラのネットワークの外部性の低下

通信のデジタル化により，通信ネットワークは全国規模の単一ネットワークから，細分化された小規模ネットワークが相互に接続しあうものへと変化した。これにより，通信ネットワークの外部性が弱まったといえる。

複数のネットワークが存在し，それぞれに互換性がない場合は，ネットワークの外部性が大きな意味を持つ。20世紀初頭の米国のように，複数の電話会社がサービスを提供しており，通話先がサービス提供会社のネットワーク内に限られる場合，利用者は，通話する機会が多い相手が加入している電話会社を選択するか，複数のネットワークに加入することになる。電話ネットワークへの加入に際して，一般的な商品やサービスの購入と同じく，費用と便益との関係が考慮される。電話ネットワークへの加入による便益には，需要の相互依存性という特殊な事象が存在する。電話ネットワークへの加入による便益は，通話相手が同じネットワークに加入している場合にのみ得られるため，ネットワークへの加入は常に他者との需要の相互依存関係で決定されることになる[21]。電話の普及度が低く，特定の相手としか通話をしない場合は，ネットワークの大きさはさほど重要ではない。しかし，電話の普及が進み，潜在的な通話相手が増加するに従い，ユーザにとってより大きなネットワークが意味を持つようになる。大きなネットワークがより大きな価値を有していたため，不採算地域から採算地域，不採算サービスから採算サービスへの内部相互補助を行うことで，大規模な電話ネットワークを構築することが指向されていた。かつては，単一の企業体が単一の電話ネットワークを利用して，広くあまねく電話サービスを提供するほうが効率的であった理由の1つである。通信以外の分野で内部相互補助の仕組みを利用してネットワークの外部性を内部化している例として，ヤマト運輸があげられる[22]。同社は日本全国にサービスを展開しており，この中には島嶼部や過疎地域等，局所的に見れば採算割れになる地域が含まれている。採算地域から不採算地域

---

21) Rohlfs [1974], pp.16-37；林紘一郎 [1998], 42-43ページ。
22) 林紘一郎 [1998], 162ページ。

へ内部相互補助を行うことにより，事業全体での採算性を維持し，宅急便の全国ネットワークを構築している。これにより，荷物の集配先が増加し，ヤマト運輸の宅急便ネットワークの価値が高まっている。

かつての我が国における電話サービスも，NTTの独占体制のもと，全国規模の単一の電話ネットワークを利用して提供されてきた。その後，通信網のアンバンドルにより，複数の電話会社が出現し，通話者相互間で加入する通信事業者が異なる場合でも通話をすることが可能になった。これに伴い，従来NTTの全国規模の電話ネットワークが持っていたネットワークの外部性が弱まり，内部相互補助の仕組みの有為性が薄れてきた。ユーザはどこの電話会社に加入していても誰とでも通話ができるため，単一の巨大なネットワークを維持する必要がなくなる。1985年に我が国の通信市場に競争原理が導入されて以来，複数の通信事業者が参入し，料金の低廉化が実現される一方で，過当競争とクリームスキミング[23]により，ユニバーサルサービスの原資が減少の一途をたどり，内部相互補助の仕組みがうまく機能しなくなった。これを補い，ユニバーサルサービスを維持していくため，2002年から基金制度が導入されている。

電話ネットワークにおいて，サプライサイドから見たネットワークの外部性が弱まってきたことは，インターネットへの接続を提供するISP業界においても観察することができる。インターネット上で提供されるサービスの標準化が進み，どのISPに加入していてもユーザがネットワークから得られる便益に差がなくなってきた。Shapiro and Varian [1998] は，技術標準に従うことでより大きなネットワークへの参加が可能になり，ネットワークの外部性による効果が享受できる業界がある一方で，技術的な標準化がネットワークの外部性を弱めた業界があることを指摘している[24]。その一例として，かつての米国のISP業界があげられている。寡占状態の市場で各社が電子メ

---

23) 規制の下で内部相互補助が容認されていた産業において，規制緩和が実施された状態で，新規企業が高収益地域ないしは高収益サービスだけに参入すること（植草 [2000]，211ページ）。

24) Shapiro and Varian [1998], pp.13-17, 186-187；訳書，330-331ページ。

ールやフォーラム用の独自システムを広めていたため，他社ユーザとのコミュニケーションは煩瑣(はんさ)なものであった。サプライサイドから見れば，独自システムでユーザを囲い込むことにより，内部相互補助の仕組みを利用しながら大規模なネットワークを構築することが可能になり，ユーザ側から見れば，より大きなネットワークに加入することが潜在的なコミュニケーション機会の増大を意味する。そのため，サプライサイド，ユーザサイドの双方にとって，より大きなネットワークが意味を持っていた。技術的な標準化が進み，どのISPに加入していても同じような手順でユーザ間のコミュニケーションを行うことが可能になると，多数の小規模ISPが市場に参入し，かつて大規模ISPが持っていたネットワークの外部性が弱まった。同様の現象が我が国においても発生している。通信事業のレイヤー化の進展により，サプライサイドから見た物理的な通信ネットワークや通信サービスのネットワークの外部性が弱くなる一方で，コンテンツやプラットフォームを介してユーザが価値創造を行うバーチャルなネットワークの外部性が強くなったと言える。

④通信のデジタル化によるレイヤー間分業の進展とデジタル・デバイドの拡大

通信のデジタル化によって実現した通信網のアンバンドルにより，通信市場に競争原理が導入された。これにより，サービスの多様化，料金の低廉化というメリットがもたらされた一方で，採算面での課題を抱える地域にはユニバーサルサービス以外の高度な通信サービスが提供されず，デジタル・デバイドが拡大した。情報通信サービスへのアクセス機会の格差が社会的，経済的な格差につながることが懸念され，デジタル・デバイド解消策が進んでいる[25]。プラスのフィードバックが働くネットワーク経済では，情報通信サービスへのアクセスを持つものと持たざるものとの格差がますます広がる可

---

25) 我が国においては，2010年までにブロードバンド未整備地域を解消することを目標に，官民連携によるデジタル・デバイド解消策が推進されている。

能性がある[26]。情報通信サービスへのアクセスを持つものがますます強くなり，持たざるものがますます弱くなるならば，アクセス機会の格差解消は重要な政策課題となる。

情報サービスへのアクセス機会格差の解消については，基礎的な電気通信サービスがユニバーサルサービスとして全国民に行き渡っている国々と，基礎的な通信サービスが整備途上にある国々とで事情が異なる。前者では，ブロードバンドサービス等，電話サービス以外の高度サービスへのアクセス機会の格差解消が指向されおり，後者では何らかの通信手段によりユニバーサル・アクセスを実現することが指向されている。

通信サービスの普及率が世界的に最も低いアフリカ地域と我が国における通信環境整備を比較すると，我が国の補助金が初期投資のみであるのに対し，アフリカにおける資金援助は事業初期段階（例えば，事業開始後2年等）での運営費用も対象としている点[27]で特徴がある。運営費用の補助が，アフリカ地域におけるアクセス格差解消の難しさを象徴していると言える。事業開始後の運営費用の問題は，我が国の過疎地域における通信基盤整備でも出現する。ユニバーサルサービスとしての基礎的電気通信サービスは別として，高齢化率が高い地域でブロードバンド通信基盤整備を行った場合，減少傾向にある人口でいかに事業収益をあげ，運営費を確保するかという問題が存在する。

運営費用の問題を克服し，持続的な通信サービスの提供を可能にするため，アフリカの複数地域では，バングラデシュのルーラル地域（田舎，僻地）に携帯電話を急速に普及させたグラミンフォンの「ビレッジフォン・プログラム」のスキームを参考にした事業が展開されている。グラミンフォンは，マイクロファイナンスによって経済成長に貢献したグラミン銀行とノルウェーの電話会社テレノールを主要なパートナーに事業展開している。ビレッジフォン・プログラムは，融資を受けた事業主が携帯電話端末とプリペイドの通

---

[26] 佐々木［2001］，104-106ページ。
[27] Dymond and Oestmann［2004］，pp.59-60〈http://www.infodev.org/en/Publication.23.html〉（閲覧日：2008年9月13日）。

話時間を購入し，それを地域の住民に再販することで収益を得て，融資を返済しながら経済的自立を目指すものである。「ビレッジフォン・プログラム」のスキームは，ウガンダ，ルワンダ，ナイジェリアでされており，セネガルやコンゴ共和国でも実施が検討されている[28]。

　グラミンフォンの「ビレッジフォン・プログラム」スキームは，無線技術を利用することで電力問題を解決しながら情報サービスへのアクセス機会格差解消のために必要な通信機器1セット当たりの投資額を最小限にし，事業主となる個人の経済的自立というインセンティブを組み合わせることで，小資本での持続的な通信基盤整備・維持を実現したと言える。また，「ビレッジフォン・プログラム」を設備の相乗りという点から見ると，複数のユーザによる伝送路と通信端末への相乗りが行われていると言える。

（3）異種アプリケーションの同一設備への相乗り
①IP通信と通信サービスの設備被拘束性
　アナログからデジタルへという技術進歩に続き，IP通信が出現したことにより，通信設備とサービスのアンバンドルが可能になった。これにより，異種アプリケーションが同一設備に相乗りすることが可能になり，通信サービスに加え，アプリケーションやアプリケーションを利用したサービスの提供主体が多様化した。

　アナログ時代は，ハード・ソフト一致の事業形態でないとサービス品質を維持することが難しかった。そのため，垂直統合型の事業モデルが採用されており，電話網を利用して電話サービスが提供され，放送網を利用してテレビ放送が行われていた。IP通信の登場により，設備のアンバンドルのみならず，設備とサービスのアンバンドルが可能になった。これに伴い，公益事業の独占性の強さを説明する1つの要因であった設備被拘束性が弱くなってきている。

　北［1974］は，公益事業の独占性の強さを説明する要因の1つとして，設

28）木賊［2008］〈http://www.rite-i.or.jp/kenkyuin/hoka/repo080911.htm〉（閲覧日：2008年9月13日）。

備被拘束性の強さをあげている[29]。設備被拘束性が強い状態とは，設備との密接な連結においてのみサービス提供が可能なことを指す。各家庭まで引き込まれた電話線と，固定電話用の巨大な交換設備を利用して提供される固定電話サービスは，設備被拘束性が強いと言える。また，電波と巨大な放送設備を利用して提供されるアナログテレビ放送も，設備被拘束性が強いと言える。アナログ時代の通信と放送は，それぞれに専用のネットワークを利用して，サービスとネットワークの強い結びつきのもと提供されていた。一方，IP通信では，伝送路の物理媒体を問わず，多様なサービスが提供可能であり，サービスの設備被拘束性が極めて弱くなっている。送受信先の双方がFTTH（光ファイバ），ADSL（銅線），CATV（同軸ケーブル），無線（固定系・移動体）等，物理媒体の異なるアクセス回線を利用して，音声，テキスト，映像等のデジタル情報を送受信することができるようになり，伝送路とサービスの対応関係が希薄化した。その結果，通信ネットワークの汎用性が飛躍的に向上した。

②デジタル化，IP化による汎用性の高いネットワークの出現

　汎用性の高いネットワークの出現によって通信・放送の業界構造が変化し，ビジネスモデルも大きな転換期を迎えている。アナログ時代は，サービスの設備被拘束性の強さから，通信サービスは通信用ネットワーク，放送サービスは放送用ネットワークを通じて提供されており，業界構造や法体系も縦割り型であった。デジタル化，IP化の進展によって，サービスの設備被拘束性が弱くなり，サービスとネットワークの対応関係が崩れてきたことを背景に，通信・放送の融合のみならず，コンテンツ配信，課金，認証など，汎用的な通信ネットワークを利用した多様な主体によるビジネスが展開されている。

　ネットワークの汎用性が高くなるほど，潜在的な利用可能性が増加し，将来的にネットワークを流れるトラヒック量が増大することが予想される。小規模なネットワークが相互に接続され，技術的な標準化の進んだネットワー

---

[29] 北［1974］，49ページ。

クの外部性が働かない市場で,増大するトラヒックに対応する通信設備を誰がどうやって構築・維持するのかという問題を解く必要性は高まるだろう。

　また,IP通信によって可能になった設備とサービスの分離により,多様なサービスが同一の通信基盤に相乗りすることが技術的に可能になってきている。行政,放送,通信等,従来個別のネットワークを構築して提供していた異種アプリケーションを同一基盤上に相乗りさせることで,需要数の少ない過疎地域等においても収支状況が改善され,民間事業者によるサービス提供の可能性が出現することになる。

料金体系への優先度概念の導入可能性

(1) 料金設計：企業による価格の決定要因

　価格とは,狭義には「製品やサービスに対して支払われるお金の量」であり,広義には「消費者が製品やサービスを持ったり使ったりすることによって得られるベネフィットに対する交換価値の合計」である[30]。企業による価格の決定要因は,企業内部の要因と外部の要因に大別できる。企業内部の要因としては,マーケティング目標（利益率の極大化や市場シェアの拡大等），マーケティング・ミックス戦略（マーケティング目標を達成するための手段），コスト等があげられ,外部要因としては,市場,需要の特性,競争環境,経済・政府等のマクロ要因等があげられる[31]。この他にも,価格決定に際して,購買者にとっての「益」が何であるのかを考慮する必要があろう。通信事業における現行の料金体系は,「一物一価（1bpsの料金は同じ）」であるが,それが現状のユーザニーズと支払意思に即しているかどうかを再検討すべきである。

　なお,価格設定に際し,価格の変化に対する需要量の変化も考慮される。

---

30) Kotler and Armstrong [1989], 訳書, 400ページ。
31) Kotler and Armstrong [1989], 訳書, 402-421ページ。

これは，需要の価格弾力性と呼ばれるもので，（需要量の変化率）／（価格の変化率）で算出される[32]。（需要量の変化率）／（価格の変化率）の絶対値で表される需要の価格弾力性が1より大きい場合は，価格の変化率に対する需要量の変化率が大きい。この場合，利益率改善のために，価格引き下げが推奨される（値上げをすると多くの需要を失うことになる）。一方，需要の価格弾力性が1より小さい場合は，価格の変化率に対する需要量の変化率が小さい。この場合，利益率改善のために，価格引き上げが推奨される（値上げをしてもあまり需要が減らなければ，値上げによって得られる利益のほうが需要の減少分を上回ることが期待される）。

公益事業の料金研究において，需要の価格弾力性を取り入れた考え方は，ラムゼー価格として知られている。通信事業のように，固定費の割合が非常に大きく，変動費の割合が小さいというコスト構造を持つ産業では，売上収入からいかに固定費を回収するかということが料金問題の中心となり，その際に理論的なよりどころとなるのが「ラムゼー価格」である[33]。ラムゼー価格は，需要の価格弾力性の小さいサービスには限界費用からの乖離を大きくした価格を設定し，需要の価格弾力性の大きいサービスには限界費用からの乖離を小さくした価格を設定するものである。ラムゼー価格の問題点として，①限界費用や需要の価格弾力性を正確に把握することが困難なこと，②需要の価格弾力性の小さい財は必需品であることが多いため，そのような財の価格を相対的に高く設定することは公正さを損なう危険があること等が指摘されている[34]。

（2）オープン・アクセス・サービスの料金体系

誰もが利用可能な条件で提供されている電気・ガス・水道等のライフライン・サービスは，オープン・アクセス・サービスに分類することができる。

---

[32] Iacobucci [2001]，pp.278-279；訳書，348-349ページ；Kotler and Armstrong [1989]，訳書，416-418ページ；グロービス・マネジメント・スクール，MBA用語集。〈http://gms.globis.co.jp/dic/00353.php〉（閲覧日：2008年9月13日）。
[33] 林敏彦 [1992]，34ページ。
[34] 奥野ほか編著 [1993]，256-257ページ。

吉田［1992］で公共料金体系の変遷が整理されている。公共料金とは，「財・サービスの料金や価格のうち，国会・政府や地方公共団体がその決定や改訂に関わっているもの」であり，電気，ガス，水道，通信，鉄道等の公益事業料金に加え，米やたばこ，公立学校の授業料等，家計にとって基礎的な支出としての性格を持つものである[35]。公共料金の体系は，定額料金制，従量料金制，二部料金制の3つに大別され，通時的に見ると，経済社会の変化を反映しながら，定額料金制，従量料金制，二部料金制と変化してきた。現在は二部料金制が主流となっており，これら3タイプの料金体系を組み合わせることで，様々な料金体系がつくられている（図2-2）。

公益事業の初期には，料金回収コストが安価で済むこと等を理由に定額料金制が採用される場合が多い。電話料金も，技術的に使用量の測定が難しかったことからサービス開始当初は定額料金制であった。しかし，電話の定額料金制には，大口需要家と小口需要家の負担の公平性や浪費の抑制の点で問題があり，サービス使用量の測定手段の進歩とともに従量料金制へと移行していった[36]。初期の従量料金制は，使用量に一定率を乗じて料金を算定する均一従量料金であったが，後に，使用量に応じて複数の区間を設けた逓減型・逓増型の料金制度が登場した[37]。現在でも，サービスの性格上，従量という概念が存在しないもの（例えば，電気通信における専用サービス）などでは定額料金制が残っている[38]。インターネットに接続するためのアクセス回線料金，ISP料金は，使用量の測定にコストがかかるため，定額料金制が主流となっている。

その後，公共料金に二部料金制が登場した。これは，使用量の多寡にかかわらず一定額を負担する基本料金と，使用量に応じて負担する従量料金から構成されており，多くの公益事業料金体系で採用されている。図2-2の（d）

---

[35] 吉田［1992］，19-20ページ。
[36] 吉田［1992］，44ページ。
[37] 吉田［1992］，46ページ。
[38] 吉田［1992］，44ページ。

で示した均一型二部料金制の典型例は電話サービスである[39]。図2-2の（e）で示した区画逓減型二部料金制の例として，ガス料金があげられる。これは，規模の経済性と石油や電気といった代替財提供事業者との競争等の要素が反映されている[40]。また，図2-2の（f）で示した区画逓増型二部料金制の例として，電気料金や水道料金があげられる。これは，省資源，省エネルギーの観点から，資源の浪費を抑制する目的で，需要抑制型料金となっている[41]。

これらの料金に加え，ピークロード料金というバリエーションがある。公共サービスの多くは貯蔵が不可能であり，需要・供給のピーク／オフピーク

図2-2　公共料金の体系

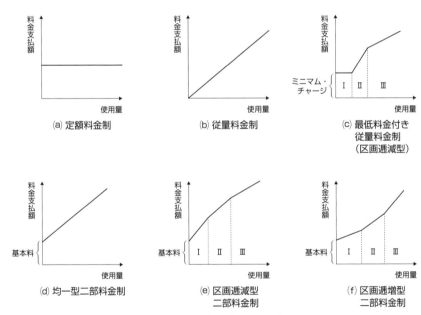

出所：吉田眞人「公共料金体系の変遷」山谷編著［1992］，45ページ。

39） 吉田［1992］，47ページ。
40） 前掲39）。
41） 前掲39）。

が存在するなかで，サプライサイドは需要に対する供給責任を負っている。そのため，生産設備は最大需要量に対応できるものである必要があり，需要量が少ないときには設備に余剰が生じ，需要変動が激しいほどオフピーク時に生じる遊休設備が大きくなる。したがって，需要量が設備能力を上回るときには需要抑制型料金が，需要量が設備能力を下回るときには需要喚起型料金がとられている[42]。

ピークロード料金は，需要のピーク／オフピークに対応して異なる水準に設定された料金である[43]。例として，繁忙期の鉄道運賃や航空運賃，閑散時の電気料金や通信サービスの割引料金をあげることができる。

生産設備への負荷調整を目的とした料金には，ピークロード料金の他に，遮断料金がある[44]。この例として，電力需要のピーク時に供給が追いつかない事態が発生した場合に，電力供給を遮断してもよいという契約を結ぶ代わりに料金を割り引く制度があげられる。

（3）オープン・アクセス・サービスとしての電気通信の料金体系：電話とインターネット

電話サービスの料金体系は，二部料金制である。基本料金は，事務用と住宅用の2種類に大別されており，これに使用量に基づいて計算される従量料金を加算したものが月当たりの電話料金となる。従量料金は，距離別に決められている単位時間当たりの料金に通話時間を乗じて計算される。距離別に決められている単位時間当たりの通話料金は，遠方にかけるほど高額になっている。

インターネットのコスト構造と電話のコスト構造は大きく異なっている。電話サービスのコスト構造は，利用者ごとの専有設備として各家庭から電話局内の回線終端装置まで引かれている利用度に関係しないNTS（Non-Traffic

---

[42] 経済企画庁物価局編集［2000］，400ページ。
[43] 植草［2000］，137ページ。
[44] 植草［2000］，147-148ページ。

Sensitive）コストと，交換機から先の利用度に応じてコストが発生するTS（Traffic Sensitive）コストに分けられる[45]。実際のコスト構造を見ると，TSコストの比重が極めて低く，NTSコストの比重が極めて高いという特徴がある[46]。そのため，NTSコストは，固定電話加入時の施設設置負担金と，実際の通話量とは無関係に支払われる月額基本料金によってまかなわれるべきであるが，この部分のコストがあまりに膨大なため，利ざやの多い市外通話料金からNTSコストの補塡が行われており，資源配分の非効率性が指摘されている[47]。様々な非効率性が指摘されながらも，我が国の電話サービス料金には，二部料金制が採用され続けている。

　一方，インターネットは，ネットワークの状況に応じて，パケットが順不同に空いている通信路を通り，目的地へ到達する。通信ルートはネットワーク事情によりそのつど異なり，発信元と送信先が同一であるすべてのパケットが同じ通信経路を通るわけではない。また，途中でパケットが廃棄されることもある。そのため，ベストエフォート通信と呼ばれており，通信の完了や通信路を捕捉することが難しいため，定額料金制で提供されていることが多い。携帯電話料金にも定額制のものが増加してきた。ユーザの利便性，サプライサイドの課金コストの削減という点で，定額料金制の効用は大きい。

　二部料金制は，電話サービスを始めとする公益事業サービスのみならず，他のサービスでも採用されている。例えば，遊園地やテーマパークの入場料・アトラクション利用料が二部料金制になっている。来園者は，一定額の入園料（電話の基本料金に相当する部分）を支払って入園する。入園後，来園者は，アトラクションを利用するごとに，利用料を支払う（電話の通話料金に相当する部分）。遊園地やテーマパークも建設・運営のために莫大な固定費がかかり，通信事業と同様の事業構造である。そのため，入園料で固定費をまかない，アトラクション利用に際して来園者が支払う料金で変動費をまか

45）林・田川［1994］，95-96ページ。
46）岡田・鈴村［1993］，146-147ページ。
47）岡田・鈴村［1993］，146-147ページ。

なおうとする発想で料金体系が構築されていると推測できる。一方，ディズニーランドでは，インターネットの定額料金制に類似する料金が採用されている[48]。来園者は，アトラクションの利用頻度にかかわらず，定額料金を支払い「パスポート」と呼ばれる入園とすべてのアトラクションに使用できるチケットを購入する。ディズニーランドでは，定額制の料金で，すべてのアトラクションが楽しめるが，人気のあるアトラクションは混雑するため，利用に時間を要したり，利用できない場合もある。この点では，ディズニーランドは，定額料金制でベストエフォートサービスを提供しているインターネットと類似点が多いと言える。

ディズニーランドでアトラクションの混雑回避策として導入されている「ディズニー・ファストパス」について言及しておく[49]。これは，ベストエフォートで，優先的なアトラクション利用を可能にする仕組みである。来園者は，入園時に購入した「パスポート」と呼ばれるチケットを，アトラクションの前にあるファストパス発券機に差し込むことで，指定時間の刻印されたファストパス・チケットを受け取ることができる。ファストパス・チケットを受け取った来園者は，チケットに刻印された時間までにアトラクションの入場口に現れれば，優先的にファストパス・チケット用の待ち行列に並ぶことができる。これにより，普通の待ち行列に並ぶよりも短い待ち時間でアトラクションを楽しむことができる。この仕組みは，アトラクションを提供する側には，需要を分散させることが可能になるというメリットが，アトラクションを利用する側には，待ち時間の短縮というメリットがある。

我が国では1990年代後半に商用のインターネット接続サービスが登場した。当初は電話回線やISDN回線を利用したダイヤルアップ方式で，インターネッ

---

[48] 〈http://www.tokyodisneyresort.co.jp/tdr/japanese/plan/ticket/index.html〉（閲覧日：2008年10月16日）。

[49] 〈http://www.tokyodisneyresort.co.jp/tdr/japanese/do/do_attraction/fastpass.html〉（閲覧日：2008年10月16日）。

ト接続にかかる通信料金は，高額な定額料金[50]であった．その後，インターネットの一般ユーザへの普及に伴い，アクセス・ポイントまでの従量料金ないしは段階的な定額料金が導入され，FTTH，CATV，ADSL，無線といった高速広帯域なアクセス回線の出現により，安価な定額料金へと変遷していった．

　これを設備への相乗りという点から見ると，1990年代後半の商用インターネット接続サービス開始時から，電話サービスとインターネット接続サービスによる通信設備への相乗りが行われていたと言える．電話回線を利用したダイヤルアップ接続の場合は，1本の電話回線に電話サービスとインターネット接続サービスが非同期に相乗りしていることになる（電話回線を利用したダイヤルアップの場合，インターネット接続中は電話を利用することができないためである）．ISDN回線を利用したダイヤルアップ接続の場合は，電話サービスとインターネット接続サービスが同時に1本の電話回線に相乗りしていることになる（ISDNの複数チャネルを利用し，1チャネルは電話，もう1チャネルはインターネット接続という利用方法が可能であるためである）．また，ADSLでは，電話線の高周波部分をインターネット接続に利用するため，低周波部分を利用する電話とともに，1本の銅線に電話とインターネット接続サービスが同時に相乗りしていることになる．

　インターネットの自由でオープンな特性を守りたいと思っても，現在の定額料金制で増加の一途をたどるトラヒックを支えることは難しい．通信事業者やISPが自由でオープンなインターネット環境を定額で提供していた時代から，インターネットを利用するユーザや事業者がおのおのの受益に応じてネットワークの構築・維持に寄与するような料金体系への転換が必要であろう．
　この際，「益」が何を意味するのかを再考する必要がある．現在，インターネットを介して提供されるサービス間で通信の優先度の区別はなく，すべ

---

50) 1996年12月25日にNTTがOCNの提供を開始した．月額料金は38,000円である．現在の料金水準と比較すると相当高額であるが，当時の常時接続型サービスの月額料金は10万円以上のものが多く，業界最安値での参入であった〈http://www.ntt.com/release/2006NEWS/0012/1222.html〉（閲覧日：2006年12月26日）．

てのトラヒックが定額料金制のもと一様の品質でネットワークに送り出されている[51]。しかし，ユーザの利用ニーズはアプリケーションごとに異なっている。例えば，リアルタイム性が求められる映像伝送サービスやVoIPサービス，短時間で確実に伝送したい通信（メールの送受信，ファイルのダウンロード等），空き帯域を利用しながら低速で長時間かけて伝送してもよい通信（すぐに視聴しない映像ファイルのダウンロード等）など様々な利用ニーズが考えられる。インターネットを利用するユーザにとって，短時間で確実に伝送したい通信の1bpsの価値と，低速で長時間かけて伝送してもよい通信の1bpsの価値は異なっている。すべてのトラヒックを優先度の区別なくネットワークに送り出すことにより，利用の集中するピーク時にはネットワークの混雑が引き起こされることになる。「一物一価（1bpsの料金は同じ）」の料金体系から，ユーザの利用ニーズを反映した「一物多価（利用ニーズに応じて1bpsの料金が変わる）」の料金体系に移行すれば，利用するアプリケーションの種類に応じて，トラヒックの優先・劣後の扱いを組み合わせ，帯域を有効利用することが可能になる。これにより，ネットワークの混雑問題や，混雑問題に付随する設備増強費用負担問題を，ユーザ料金の設計を通じて解決する可能性が出てくる。

（4） インターネット接続料金設定に関する研究

ネットワーク資源の効率的利用という観点から，インターネット接続料金のプライシング・メカニズムに関する研究が行われている[52]。

定額料金制は，サプライサイドには，会計の単純化，契約者数に応じた収

---

51) 一般ユーザのトラヒックは，プロトコルの違いに着目すると，TCPとUDPの2つに大別できる。TCPは主に電子メールやWeb閲覧，データ転送などで利用され，UDPは主に映像ストリーミングで利用される。一部のプロバイダが提供する特定のサービスに特化したトラヒックを優先的に流すサービスを除き，TCP，UDPの両プロトコルは優先度の区別なくネットワークに送り出される。ただし，プロトコルの特性により，ネットワーク内ではUDPプロトコルがTCPプロトコルに基づくパケットよりも優先的に通信路を通っていく。実際は，定額料金制のもと，優先度の違うトラヒックが伝送路を流れているのだが，一般ユーザはこの事実を認識することはない。

52) Wiseman [2001] でインターネット・アクセスのプライシング・メカニズムに関する研究がレビューされている。

入の確保とインフラ構築コストの回収といったメリットが[53)][54)][55)]ユーザサイドには，料金を気にせずに利用できるというメリットが生じる。その一方で，定額料金制は，ユーザを区別しないことに起因する次のようなデメリットが指摘されている[56)]。第一に，ユーザが多くなり，ネットワークが混雑してくると，すべてのユーザが遅延やサービス品質悪化の影響を受けることである。このとき，各ユーザは囚人のジレンマに直面しており，網の輻輳（ふくそう）時には利用を控えることが賢明であるとわかっているにもかかわらず，輻輳状態を回避するために一定時間経過後に送信するよりも，今すぐにデータを送信することを選好しがちである[57)]。その結果，網の輻輳がいっそうひどくなる。第二に，アプリケーションの価値を考慮しないため，資源配分の非効率性が起きることである。すべてのパケットが区別なくネットワークに送り込まれるため，網の輻輳時に，重要なテレビ会議のデータ送信よりも，休暇を楽しむ大学生の画像データが先に送信されるという事態が発生し得る。この時，通信事業者は，高品質なサービスに対し，追加的な料金を支払ってもよいと思っているユーザを逃していることになる。ニコニコ動画は，高品質での画像閲覧に対して追加的に料金を徴収することで，混雑時の画像閲覧の快適性を保証するサービスを提供している。この背景には，追加料金を支払うユーザの識別とパケットの優先的取扱が可能になった技術進歩がある。

　また，定額料金制が抱える非効率性を回避するために，いくつかの代替的な料金案が提案されている。

　1つ目が，パケットごとのオークション（per-packet auction pricing）で

---

53) Wiseman [2001], p.17；訳書, 22ページ。
54) Anania and Solomon [1997], pp.91-118.
55) Clark [1997], pp.215-252.
56) Wiseman [2001], pp.17-18；訳書, 22-23ページ。
57) NTTグループは，Webサイトが混み合っている時に，ユーザが繰り返しアクセスすることによる混雑悪化を回避するため，Web上で仮想の整理券を発行し，受付番号と予想待ち時間をユーザに知らせるシステムを開発した〈http://japan.cnet.com/news/com/story/0,2000056021,20379348,00.htm〉（閲覧日：2008年10月20日）。

ある[58][59][60][61]。利用者はインターネットに接続するための料金を支払ったうえで，パケット送信に際して，そのパケットを伝送してもらうために支払ってもよいと思う額を入札額として提示する。その入札額がパケットのヘッダーに書き込まれ，入札額の高いパケットが低いパケットよりも優先的に待ち行列に並ぶ。パケットごとのオークション制では，網の輻輳時に他の利用者のパケットを遅らせることによる社会的費用は，高い入札額をつけてパケットを優先的に待ち行列に並ばせることを選択した利用者によって内部化されるというメリットがある。その一方で，刻々と変動するパケット送信価格に利用者が魅力を感じないかもしれないというデメリットが指摘されている。

2つ目が，静態的プライオリティ・プライシング（優先度別料金）である[62][63]。このモデルでは，ネットワークに遅延を関数とした異なる優先クラスが設定されていることを前提として，利用者が利用するアプリケーションに応じて優先クラスを選択する。ネットワーク自体が優先クラスごとに分かれているわけではなく，網の輻輳時にパケットが優先情報に従って待ち行列に並び，FIFOルールで処理される。4種類のアプリケーションに対する2種類のプライオリティ（高・低）というプライシングによるシミュレーション結果では，効率的なネットワーク利用が示されている。その一方で，ネットワークの輻輳状態にかかわらず，料金が事前に一定額に決められているため，ユーザは，網が空いているときには過大に支払うことになり，網の輻輳時には過小に支払うことになるというデメリットが指摘されている。

3つ目が，動態的プライオリティ・プライシング（優先度別料金）であ

---

[58] Wiseman [2001] pp.18-21；訳書，23-26ページ。
[59] MacKie-Mason and Varian [1993]〈http://deepblue.lib.umich.edu/bitstream/2027.42/50461/1/Economics_of_Internet.pdf〉（閲覧日：2009年3月1日）。
[60] MacKie-Mason and Varian [1995]，pp.269-314.
[61] MacKie-Mason and Varian [1997]，pp.27-62.
[62] Wiseman [2001] pp.21-23；訳書，27-29ページ。
[63] Cocchi et al. [1993]，pp.614-627.

る[64)][65)]。利用者は，ある一定期間において，遅延やその他の情報を関数とする優先クラスの相対料金で構成されるオプション・メニューの提示を受け，選択を行う。この期間は一定間隔で更新され，遅延やその他の情報もネットワークの状況を勘案して更新されていく。

4つ目が，PMP（Paris Metro Pricing）アプローチである[66)][67)]。これは，同じ電車で一等車と二等車を設けて異なった料金設定をしていたパリ・メトロの料金（1980年代まで実施されていた）に着想を得たアプローチである。目的地も，経路も，速度も同じであるが，利用者が期待する効用によって，一等車，二等車の利用に異なる料金を支払うのと同様に，ネットワーク利用に際して，利用者が支払ってもよいという額に応じて自らサービス・クラスを選択する。これにより，高い料金（一等車相当）のチャネルで輻輳が緩和されることを期待するものである。静態的プライオリティ・プライシングとの相違点は，料金によって異なったサービス品質を保証しないことである。PMPアプローチには，実現のための技術的課題が多いという指摘がある。

5つ目が，期待キャパシティ・プライシングである[68)][69)]。利用者は，パケットの送信前に，ネットワークのアクセス・ポイントと超過キャパシティの規模に関する契約を結び，対価を支払う。これは，網の輻輳時の優先的取扱に対する保険と同義であり，網の輻輳時には超過キャパシティ契約の上限までパケットが転送され，契約を超えるパケットは待ち行列に並ぶ。これにより，将来のある時点において，そのパケットに最も高い価値を付けた利用者にネットワーク資源を割り振ることが可能になる。

これらの案は実際には普及していない。技術的に実現可能であったとしても，

---

64) Wiseman [2001] pp.24-26；訳書, 29-32ページ。
65) Gupta et al. [1995], Gupta et al. [1996], pp.71-95；Gupta et al. [1997a], pp.323-352；Gupta et al. [1997b]。
66) Wiseman [2001] pp.26-28；訳書, 32-34ページ。
67) Odlyzko [1999], pp.159-161。
68) Wiseman [2001] pp.28-29；訳書, 34-35ページ。
69) Clark, David D. [1997], pp.215-252。

実際に適用するには高コストであったこと，運用が煩瑣であったこと等が原因であると推測される。しかし，インターネットが商用化されて間もない頃から，インターネットユーザがアプリケーションごとに異なったニーズを持つ点に着目されていたことは特筆すべきである。インターネットが十分に普及し，成熟した現在，さらに進歩した技術を背景に，イノベーションを疎外しないインターネットの利用と維持を可能にする料金設計の在り方を考察する余地がある。

通信の優先度を基準とした料金モデルの模索

　技術進歩の恩恵を受け，一般利用者向けのサービスが多様化する一方で，企業向けのデータ通信サービスも多様化していった。

　國領［1995］は，マルチメディア時代の通信料金としてATMサービスの料金体系を提案している。これはATMサービスの内容がまだ確定していない時期に，当該サービスの料金体系について提案を行ったものである。同提案は，物理インフラの種類（光ファイバ，同軸ケーブル，銅線，無線）を選ばず通信が可能なIP通信の課金モデルを考えるにあたり，重要な考え方を示している。

　國領［1995］で提案されている料金体系は，メディア料金，ネットワーク料金，アクセス回線（伝送）料金の三層から構成されている（**表2-1**参照）[70]）。このうち，ネットワーク・サービス料金については，サービス・クラス（優先度）別，アクセス回線容量別の料金体系を取り入れ，優先度の低いサービスの提供料金を，優先度の高いサービス提供に必要な設備に対する増分費用で計算することを提案している。すなわち，最も重要なコスト決定要因は，ピーク時における優先度の高いサービスへの需要であり，それが設備容量とそれを維持するための人件費を決めるという状況のもと，網の維持コストをピーク時に優先度の高いサービスを要求する度合いによって負担するというアイデアである。このアイデアの根底には，「電話などの固定速度の『贅沢な

---

[70]）國領［1995］，219-324ページ。

表2-1 國領［1995］による料金体系の概要

メディア・サービス	電話サービスについては当面従来型電話サービスの料金体系を引き継ぐ。それ以外についてはメディア別に市場ニーズに即した体系をつくる。
ネットワーク・サービス	アクセス回線別，サービス・クラス別料金 　高優先度サービスについては従量制 　低優先度サービスについては定額制
アクセス伝送サービス	契約最大伝送速度別定額料金

出所：國領［1995］，225ページ。

サービスを公共的観点からユニバーサルサービスとして確保する一方で，その贅沢さが生む大きな回線容量の余裕を，低料金で空き回線を利用するメディア・サービスに利用しよう[71]」という思想がある。この思想を投資回収という観点から見れば，多額の固定資本が必要な設備産業における需要リスクに「通信の優先度」に対して課金する料金モデルで対応し，その料金体系のもとで発生する帯域の余剰分を利用者間で有効利用しようという発想であると言える。電話中心の時代から現在まで，ブロードバンド化の進展，サービス提供主体の多様化，アプリケーションの多様化という変化があったものの，ピーク時にネットワークに流れ込むトラヒック量（平時の一定期間にわたり測定したピークトラヒックの量）が設備容量を決めている可能性が高い。

　技術進歩によって実現可能性が高まった異種アプリケーションの同一基盤への相乗り環境下で，通信の優先度概念をどう利用すれば持続的な参加型ネットワークを構築・運用できるかを考察する。設備の使用量を料金算定基準とする従量料金制や，設備の使用量によらず一定の金額を課す定額料金制のいずれでもない新たな料金体系により，同一基盤に相乗りする異種アプリケーションからの受益に応じたファイナンスモデルについて，第3章以降で考察する。

（1）相乗りモデルの設計コンセプト

　従来の通信料金は，通信基盤の構築コストをネットワーク利用者でどう負

---

[71] 國領［1995］，231ページ。

担するかという観点から考えられていた．本書で提案する相乗りモデルは，技術進歩によってサービスの設備被拘束性が弱まり，複数のサービスが同一の設備に相乗りできるようになったことを背景に，通信基盤の構築・維持コストを「将来的に通信基盤を利用する可能性のある主体」も含めてどう負担するかを考えるものである．

　本書で提案する相乗りモデルの設計コンセプトは次の2つである．

　1つ目が，通信路への様々なニーズを持った複数のサービス提供者による異種アプリケーションが同一基盤に相乗りすることで，最低限の通信サービスを一般ユーザが安く使えるようにすることである．災害時の情報収集・連絡ニーズを持つ行政や，平時にインターネット環境を販売促進目的で利用したい商業施設等，様々なニーズを持った主体が相乗りすることで，一組織が一目的に限定して設備を所有する場合に比べて，設備の稼動効率を上げ，帯域を有効活用しようという考え方である．例えば，災害発生時の行政機関では情報収集，行政内での業務連絡，住民への告知等で一定程度の通信容量を確保することが必要になる．しかし，平時には必要がない．将来的に必要になった時点での利用が確保されればよく，平時は一般サービスが空き帯域を利用することができる．もちろん，この前提として，行政が防災無線，優先電話等を個別に整備する従来の形態よりも，複数のアプリケーションが相乗りするほうが低コストとなる必要がある．多様な主体が提供・利用する異種アプリケーションが同一基盤に相乗りすることで，周辺住民への広告配信ニーズを持つショッピングセンター等の商業施設が安定的な収益源となり，一般のユーザに安い料金で最低限のインターネット接続環境を提供できる可能性が出現する．

　2つ目が，現在一様の品質で伝送されているエンドユーザのトラヒックに混在する優先度の異なる通信を識別し，通信の優先度に応じたコスト負担が可能な料金体系とすることである．これをユーザサイドから見れば，支払意思とサービス品質に応じたサービス選択が実現することになる．例えば，狭い帯域でも常に接続性が確保されていることが必要な緊急通報，網の混雑時

にもある程度の通信品質を確保したい遠隔医療や介護用の映像伝送・音声通信サービス，常時一定の通信品質が確保されていなくてもつながりさえすればよい一般のWeb閲覧等，多様な利用形態を勘案し，現在の「一物一価（1bpsの料金は同じ）」の料金体系から，「一物多価（利用ニーズに応じて1bpsの料金が変わる）」の料金体系への移行を考える。これにより，通信帯域の過剰利用や混雑問題を回避することが可能になる。

（2）相乗りモデルのコンセプトを料金体系として具体化するためのツール

相乗りモデルの基本コンセプトを料金体系として具体化する際に利用するツールは次の3つである。

1つ目が，金融分野におけるオプション理論である。オプションとは，特定の資産を事前に定めた価格で事前に定めた期日に売買する権利である[72]。これは権利であって義務ではない。したがって，期日が到来したときの状況しだいで権利を行使してもしなくてもかまわない。市場ではこの権利に値が付けられ，取引されている。そもそもの由来は，株価や債券の価格変動リスクをヘッジする目的にある。これを実物資産に応用したものがリアル・オプションである。これは，金融資産に設定されるオプション概念を実物資産に応用することで，投資時点における将来価値の不確実性による影響を減らし，企業戦略の柔軟性を高める効果を持っている。例えば，映画作成時点で続編を作成するかどうかを決めるのではなく，第一作目の興行成績を見てから続編の作成に関する意思決定を行うことがこれにあたる。

本書では，通信キャパシティに対する通信の優先的取扱権（将来的に需要が発生した時点で通信の優先的取扱を要求できる権利）の値付けを行う際にリアル・オプションの考え方を取り入れる。将来的な通信キャパシティの利用権に対する料金体系を構築することで，多様な帯域利用ニーズを持った異種アプリケーションの同一基盤への相乗りを実現し，「在ることに価値があ

---

[72] Barney [2002]，訳書，34-35ページ。

るサービス」を提供しながら，通信帯域を有効活用することが目的である。

　2つ目が，帯域利用ニーズによって異なる価格弾力性である。需要の価格弾力性は，（需要量の変化率）／（価格の変化率）の絶対値で表され，価格の変化率に対する需要量の変化率を示す。1より大きい場合を価格弾力性が大きいと言い，この場合，価格の変化に対して需要が敏感に変化する。1より小さい場合を，価格弾力性が小さいと言い，この場合，価格の変化に対して需要はさほど変化しない。奢侈品の場合，価格弾力性が大きく，生活必需品の場合，価格弾力性が小さいと言われている[73]。米や塩などの生活必需品は，価格の高低にかかわらず一定程度の数量を購入する必要があるからである。

　災害発生時等の非常時に公共機関が情報伝達に利用する通信，生命の危機に関わる緊急通報（119番通報）などは価格弾力性が小さいことが想定される。これらのサービスは必需の通信サービスであるため，価格の上下に対して需要が敏感に反映しない可能性が高い。また，販売促進等，商業利用目的の通信も，従来型の紙媒体の広告等に比べて安価である限り，価格弾力性は小さいことが予想される。したがって，これらのサービスに対し高めの料金を設定し，通信基盤の構築・維持コストを多く負担してもらうことで，平時のサービスを安く提供できる可能性が出現する。一方，平時に利用されるサービスは総じて価格弾力性が大きく，値下げに対して敏感に反応し，需要が大幅に増えることが想定される。そのため，価格を下げれば需要が喚起され，薄利多売でも十分な利益が確保できる可能性がある。

　3つ目が，通信の優先・劣後の取扱権を組み合わせることで，通信帯域の有効活用と需要の集約を図ることである。これは，すでに企業向けのデータ伝送サービスで導入されている考え方である。例えば，セル・リレー（NTTコミュニケーションズが提供する企業向けデータ通信サービス）[74]では，通信の優先度に応じて複数のサービスカテゴリーが設定されている。通信特性

---

[73] グロービス・マネジメント・スクール，MBA用語集〈http://gms.globis.co.jp/dic/00353.php〉（閲覧日：2008年9月13日）。

[74] 2011年3月31日にサービスを終了している〈http://www.ntt.com/about-us/press-release/news/article/2010/20100930.html〉（閲覧日：2018年1月23日）。

の異なるトラヒックを，統計多重技術を利用して提供することにより，通信路の効率的利用とコスト削減を実現している。サービスカテゴリーは，「常に帯域を保証する」，「網に余裕があれば利用可能」の2つの状態を，網内に送信できるセルの転送率の最大値（PCR: Peak Cell Rate）と持続可能セル転送率（SCR: Sustainable Cell Rate）の2変数を組み合わせることで3種類が設定されている（**表2-2**，**図2-3**参照）。通信料金は，サービスカテゴリーとPCR帯域，SCR帯域の組み合わせで決められている。

表2-2　セル・リレーのサービスカテゴリー

CBR (Constant Bit Rate)	ユーザが指定する帯域を契約PCRまで常に保証する。
VBR (Variable Bit Rate)	ユーザが指定するSCRまでの帯域を常に保証し，網に余裕がある場合に契約PCRまでの帯域で通信を行うことができる。PCRはSCRの最大8倍まで設定可能。
UBR (Unspecified Bit Rate)	帯域の保証はしないが網に余裕がある場合は契約PCRまでの帯域を利用可能。

出所：NTTコミュニケーションズホームページ〈http://www.ntt.com/syosai.html〉（閲覧日：2008年4月21日）。

図2-3　セル・リレーのサービスカテゴリーのイメージ図

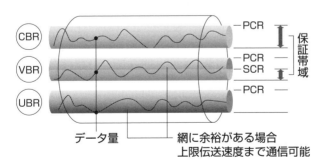

出所：NTTコミュニケーションズホームページ〈http://www.ntt.com/dnws/cr/syosai.html〉（閲覧日：2008年4月21日）。

CBRとUBRの通信料金（**表2-3**と**表2-4**）を比較し，1kb/s当たりの単価を比べると，帯域保証型のCBRサービスでネットワークの構築・運用費用をより多く回収している構造がわかる[75]。

表2-3　CBRの通信料金（16kb/s～500kb/sまでの場合）

（円）

契約PCR帯域	通信料	1kb/s当たり単価
16 kb/s	9,450	591
32 kb/s	10,710	335
48 kb/s	11,970	249
64 kb/s	13,125	205
96 kb/s	15,540	162
128 kb/s	18,060	141
192 kb/s	22,890	119
256 kb/s	27,825	109
384 kb/s	37,590	98
500 kb/s	46,410	93

出所：NTTコミュニケーションズホームページの料金表をもとに筆者が作成
〈http://www.ntt.com/dnws/cr/fee1.html〉（閲覧日：2008年4月21日）。

表2-4　UBRの通信料金（16kb/s～500kb/sまでの場合）

（円）

契約PCR帯域	通信料	1kb/s当たり単価
16～128 kb/s	1,260	10
192 kb/s	1,785	9
256 kb/s	2,205	9
384 kb/s	3,255	8
500 kb/s	4,095	8

注：契約PCR帯域16～128kb/sサービスの1kb/s当たりの単価は，通信料を128kb/sで除して求めている。
出所：NTTコミュニケーションズホームページの料金表をもとに筆者が作成
〈http://www.ntt.com/dnws/cr/fee1.html〉（閲覧日：2008年4月21日）。

75）帯域保証を実現するための追加的コスト，実際のサービスに対する需要が開示されないため，筆者の推測にとどまる。

また，VBRの通信料金は**表2-5**のようになっている。**表2-5**に示したVBRサービスで，PCR帯域（最大利用可能帯域）とSCR帯域（保証帯域）が同じ場合の通信料金は，**表2-3**に示したCBRサービスの通信料金と同じである。**表2-5**をもとにSCR帯域（保証帯域）ごとにPCR帯域（最大利用可能帯域）を提供するための増分費用を計算すると，**表2-6**のようになる。**表2-6**は，比較を容易にするため，PCR帯域とSCR帯域の組み合わせごとの増分費用を1kb/s当たりに換算した値を記している。**表2-6**から，一定の帯域提供を保証したうえで，網の空きがある場合に利用可能な帯域を追加的に提供するための増分費用が低いことがわかる。

　この考え方を応用し，多様な帯域利用ニーズを持つ異種アプリケーションが同一基盤に相乗りし，参加型ネットワークを構築・維持するために，優先度概念をどう使えば効果的であるかを次章以降で考察する。

表2-5　VBRの通信料金（契約PCRが16kb/s～500kb/sまでの場合）

(円)

	SCR	16kb/s	32kb/s	48kb/s	64kb/s
PCR	16 kb/s	9,450	–	–	–
	32 kb/s	9,660	10,710	–	–
	48 kb/s	9,765	10,920	11,970	–
	64 kb/s	9,975	11,025	12,075	13,125
	96 kb/s	10,290	11,340	12,495	13,545
	128 kb/s	10,605	11,760	12,810	13,860
	192 kb/s	–	12,390	13,545	14,595
	256 kb/s	–	13,020	14,175	15,330
	384 kb/s	–	–	15,645	16,800
	500 kb/s	–	–	–	18,060

出所：NTTコミュニケーションズホームページの料金表をもとに筆者が作成
〈http://www.ntt.com/dnws/cr/fee1.html〉（閲覧日：2008年4月21日）。

表2-6　VBRサービスで保証帯域ごとのPCR 1kb/sの増分費用
（契約PCRが16kb/s〜500kb/sまでの場合）

(円)

	SCR	16kb/s	32kb/s	48kb/s	64kb/s
PCR	16 kb/s	-	-	-	-
	32 kb/s	13	-	-	-
	48 kb/s	10	13	-	-
	64 kb/s	11	10	7	-
	96 kb/s	11	10	11	13
	128 kb/s	10	11	11	11
	192 kb/s	-	11	11	11
	256 kb/s	-	10	11	11
	384 kb/s	-	-	11	11
	500 kb/s	-	-	-	11

出所：NTTコミュニケーションズホームページの料金表をもとに筆者が作成
〈http://www.ntt.com/dnws/cr/fee1.html〉（閲覧日：2008年4月21日）。

第Ⅱ部
実証編

第3章

研究手法と調査概要

1 研究手法

　本書では，ケース・スタディによって，帯域利用ニーズの異なる複数のアプリケーションが同一基盤に相乗りする際の優先度概念の有効性を検証する。
　Yin［2002a］は，"how"（どのように），"why"（なぜ）という問いに答えるためにケース・スタディが有用であることを述べ[1]，ケース・スタディを次のように定義している[2]。第一に，ケース・スタディとは，経験的探求であるということ。特に，現象と文脈との境界が明解でない場合に，実際の文脈の中で現在進行中の現象を研究することとされている。第二に，ケース・スタディによる経験的探求は，研究者が興味を示す変数が，実際のデータよりも多く存在するかもしれない場合を扱う可能性があるということ。そのため，研究者は，データ収集・分析の指針となる既存の理論的命題を参照しながら，トライアンギュレーション[3]によって収束させるべき複数のエビデンスを用いることになる。本書は，実際の事例を経験的に探求し，ブロードバンドインターネット環境構築・維持の背後にあるメカニズムを解明したうえで，どのようにすれば（how）異種アプリケーションの同一基盤への相乗りが進むかという問題について，優先度概念の有効性を検証するための研究手法としてケース・スタディを採用した。
　ケース・スタディには，単一のケースを扱う場合と，複数のケースを扱う場合がある[4]。ケース・スタディを遂行するうえで用いられる問いが，リサーチ・クエスチョンである（以下，「RQ」と記す）。本書では，2節「調査概要」で述べるRQに基づき，複数ケースを用いたケース・スタディを実施する。

---

1) Yin［2002a］, p.1.
2) Yin［2002a］, pp.13-14；Yin［1994］, 訳書, 18-19ページ。
3) 複数の調査者，データ，手法を用いることで，創出された分析結果を確かなものにし，研究の妥当性をより高めていくこと（東京学芸大学教職大学院生による執筆・編集「教職大学院カタカナ語小辞典（初版）」）〈http://keywordkatakanagojiten2013.blogspot.jp/2015/04/blog-post-55.html#!/2015/04/blog-post-55.html〉（閲覧日：2017年12月31日）。
4) Yin［2002a］, p.14.

調査概要

　本書では，RQ1～3について調査・分析を行う。RQは，下位レイヤーから上位レイヤーまでを俯瞰し，レイヤー間の関連性に着目しながら，技術進歩に伴う4つの変化について考察できるように設定した。

　技術進歩によって，ブロードバンドインターネットでは，4つの変化が起こっている。1つ目が，ユーザによる価値創造である。ブロードバンドインターネット上ではユーザがサービスを利用しながら新たな価値を創造し，その価値を提供・共有することで，ネットワークの外部性を利用した価値創造循環が発生している。2つ目が，レイヤー間分業である。アナログからデジタルへという技術進歩により，通信設備のアンバンドルが可能になった。これにより，通信設備を所有せずとも，他社設備を利用して通信サービスを提供することが可能になり，設備所有者と通信サービス運用・提供者によるレイヤー間分業が可能になった。3つ目が，異種アプリケーションの同一設備への相乗りである。IP通信の登場により，通信設備とサービスのアンバンドルが可能になった。これにより，サービスの設備被拘束性が弱まり，多様な主体による様々なサービス提供が実現した。インターネット上では多様な供給主体が事業参入し，検索エンジン，ポータルサイト，SNS，動画共有プラットフォーム等，様々なアプリケーションやサービスが提供されている。4つ目が，同一基盤上でQoS（Quality of Service）別のサービスが提供できるようになったことである。NTT東西地域会社が開始したNGN（Next Generation Network）サービスでは，通信の優先度やセキュリティ等，QoS別のサービス提供が行われている[5]。これらのQoS内容のうち，本書では，優先度に着目する。

　デジタル化による通信設備のアンバンドルによって実現したレイヤー間分業，IP通信による通信設備とサービスのアンバンドルを勘案すると，ブロ

---

[5] NTT東日本ホームページ〈http://www.ntt-east.co.jp/ngn/about/index.html〉（閲覧日：2008年10月20日）。

図3-1　ブロードバンドインターネットの3層構造

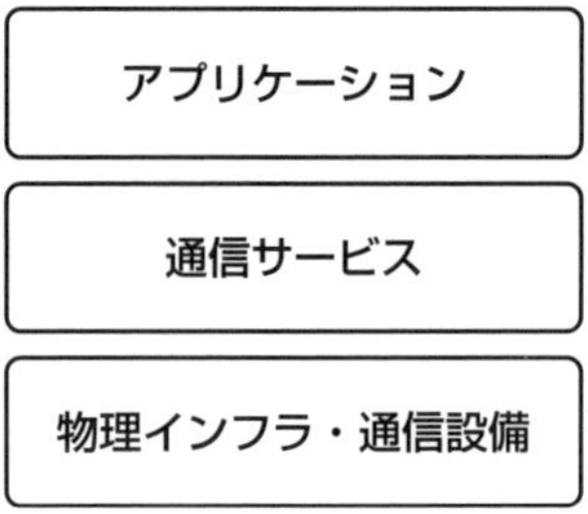

```
┌─────────────────┐
│  アプリケーション  │
└─────────────────┘
┌─────────────────┐
│   通信サービス    │
└─────────────────┘
┌─────────────────┐
│ 物理インフラ・通信設備 │
└─────────────────┘
```

ードバンドインターネットにおけるレイヤー構造は図3-1のように整理できる。

RQは次の手順で導出した。まず，図3-1をもとに，技術進歩に伴う4つの変化を調査・分析できるよう，分析対象レイヤーと調査目的を整理し，表3-1を作成した。次に，表3-1に示したRQごとの調査目的を達成するため，RQを立て表3-2に示した。そのうえで，調査概要を整理し，表3-3に示した。

表3-1を詳しく見ていく。RQ1では，レイヤー間分業形態の実態を調査・分析する。まず，ブロードバンドインターネットの提供におけるレイヤー間分業の実態を，物理インフラ・通信設備の整備主体と通信サービスの運営主体に着目して分類する。次に，ブロードバンドインターネットの提供におけるレイヤー間分業形態と，アプリケーションレイヤーの関係を調査・分析する。具体的には，第1章と第2章で述べたサービスの設備被拘束性に着目し，提供されているアプリケーションの性質とレイヤー間分業形態との間に関連性があるのか，あるとすればどのようなものなのかを調査・分析する。RQ2では，通信設備に限定せず，何らかの異種アプリケーションが同一基盤に相乗りしている事例を調査し，優先度概念の技術的な導入可能性について考察する。RQ3では，異種アプリケーションの同一基盤への相乗りを実現する仕組みとしての優先度概念の有効性を検証する。この際，通信基盤の整備・維持コストを回収するという側面に加え，ユーザによる価値創造を促進するという観点から，一般ユーザの情報受発信インセンティブを高めるために優先度概念をどう利用すればよいかを考察する。

表3-1　RQの導出過程：分析対象と調査目的

調査目的 (**図3-1**をもとに調査目的と分析対象レイヤーを示す)	技術進歩に伴う4つの変化			
	ユーザによる価値創造	レイヤー間分業	異種アプリケーションの相乗り	優先度別通信
RQ1　物理インフラ・通信設備レイヤーと通信サービスレイヤーに着目し，レイヤー間分業の実態を調査する。そのうえで，レイヤー間分業形態とアプリケーションレイヤーの関係について調査・分析する。	―	○	○	―
RQ2　全レイヤーを対象に，異種アプリケーションの同一基盤への相乗り事例を調査し，優先度概念の技術的な導入可能性について考察する。	―	―	○	○
RQ3　全レイヤーを対象に，異種アプリケーションの同一基盤への相乗りを実現する仕組みとしての優先度概念の有効性を検証する。	○	―	○	○

注：本書における異種アプリケーションとは，①放送，通信，医療，教育，営利事業等のアプリケーションの用途，②社会的なものか私的なものかというアプリケーションの利用目的の違い，③アプリケーションの設備や制度への被拘束性（アプリケーションと設備や関連事業法との関連性の強さ），④帯域利用ニーズ（帯域の安定的・排他的な利用と支払意思との関係）が異なるアプリケーションのことである。

表3-2　リサーチ・クエスチョン（RQ）

RQ1 レイヤー間分業形態とアプリケーションとの関係はどのようになっているのか。	RQ1-1 我が国の過疎地域の通信基盤整備におけるレイヤー間分業形態にはどのようなものがあるのか。
	RQ1-2 どのような性質のアプリケーションが提供されている場合に，どのような整備・運営形態となるのか。
RQ2 異種アプリケーションの同一基盤への相乗りに関し，どのようなことが技術的に可能になったのか。	
RQ3 どうやると異種アプリケーションの同一基盤への相乗りが進むのか。	

第3章　研究手法と調査概要

図3-1に示したブロードバンドインターネットの3層構造をもとに，表3-1に示したRQの調査目的と，技術進歩に伴う4つの変化とRQの対応関係を示したものが図3-2である。

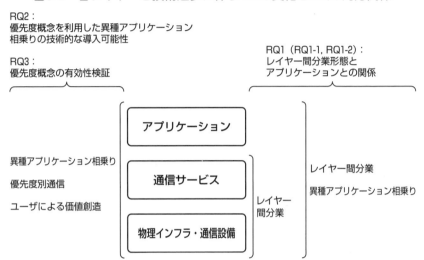

図3-2 各レイヤーと技術進歩に伴う4つの変化とRQの対応関係

RQ1では，過疎地域における通信基盤整備事例の調査・分析を行う。なぜならば，採算面での課題から民間事業者単独での事業参入が難しい条件不利地域では，何らかのレイヤー間分業が必要になるため，レイヤー間分業形態を観察しやすいという利点があるからである。この利点に加えて，過疎地域における通信基盤整備は，行政区域単位で行われることが多く，各事例を比較検討しやすいという利点がある。RQ1では，まず，過疎地域における通信基盤の整備・運営形態を分類する（RQ1-1）。そのうえで，レイヤー間分業形態とアプリケーションの性質との関係を調査・分析する（RQ1-2）。この際，同一基盤への異種アプリケーションの相乗りという視点から調査事例への考察も加える。過疎地域等の条件不利地域の多くは，地上デジタル放送開始後の難視聴対策が必要であり，その有力候補の1つとしてブロードバンド通信

環境を利用したテレビ放送の再送信が注目されている。条件不利地域での通信基盤整備事例を異種アプリケーションの相乗りという観点から整理・分析することは，今後の通信・放送融合を展望した通信基盤整備にも有用であると言える。さらに，ブロードバンドインターネットを通じて多様なサービスが提供されるようになり，1人当たりの利用帯域が増加すれば，現在の採算地域である人口密集地が将来的な条件不利地域になる可能性がある。技術進歩により，帯域の制限という制約条件は小さくなっていくことが予想されるが，1人当たりの利用帯域の増加と帯域の制限という制約条件の減少，どちらの速度が速いかは予測が難しい。将来的にも，一定期間にわたり，有限の帯域を多人数で分け合って利用することが想定される。この場合，1人当たりの帯域消費量が増加してくれば，人口密集地ほど混雑問題が深刻になり，現在の定額料金制では，事業者は設備増強費用をまかなうことができなくなる。

RQ2では，フィールドトライアルの調査や実験を通じ，通信設備に限らず，何らかの設備に複数のアプリケーションが相乗りしている事例を調査する。これらの調査，実験を通じて，異種アプリケーションの同一基盤への相乗りに際し，優先度概念の技術的な導入可能性について考察することが目的である。端末への相乗り事例として，高知県の海岸でWebカメラの多目的利用をしている「10373.com」の調査を行う。伝送路への相乗り事例として，「Open Research Forum 2006（ORF2006）[6]」における閉域網での優先度別通信実験について報告する。

RQ3では，どうやると異種アプリケーションの同一基盤への相乗りが進むのかという問いについて，優先度に着目した複数のシナリオに基づく収支試算を行い，その有効性を検証する。地方都市で有限の帯域を多人数でシェアする場合を想定し，収支試算の基礎データとして，「藤沢市でのWiMAX展開計画」の概算投資額を使用する。収支試算結果の考察は，ユーザの情報受発信インセンティブを阻害しないよう，低廉な価格での通信サービスの提供

---

[6] 慶應義塾大学湘南藤沢キャンパスの研究内容および成果を一般に公表する場であり，毎年11月に開催される。

を実現しつつ，いかに投資回収を行うかという点に着目して行う。

RQと調査概要，調査対象をまとめたものを**表3-3**に示す。

表3-3 リサーチ・クエスチョン（RQ）と調査概要

リサーチ・クエスチョン		調査概要	調査対象
RQ1 レイヤー間分業形態とアプリケーションとの関係はどのようになっているのか。	RQ1-1 我が国の過疎地域の通信基盤整備におけるレイヤー間分業形態にはどのようなものがあるのか。	我が国の過疎地域の通信基盤整備におけるレイヤー間分業形態を，設備投資主体，サービス運営主体に着目して分類する。	過疎地域の通信基盤整備事例
	RQ1-2 どのような性質のアプリケーションが提供されている場合に，どのような整備・運営形態となるのか。	どのような性質のアプリケーションが提供されている場合に，どのような整備・運営形態となるのかを，設備被拘束性に着目して調査する。また，この際，どのような異種アプリケーションの相乗りが起こっているかを考察する。 【用途の違うアプリケーション（通信・放送）の相乗りを設備被拘束性に着目して分析する】	
RQ2 異種アプリケーションの同一基盤への相乗りに関し，どのようなことが技術的に可能になったのか。		通信設備に限らず，何らかの設備に異種アプリケーションが相乗りしている事例を調査し，通信の優先度概念の技術的な導入可能性について調査する。 【帯域利用ニーズの違うアプリケーションの相乗りの技術的実現可能性を調査する】	10373.com ORF2006 実験
RQ3 どうやると異種アプリケーションの同一基盤への相乗りが進むのか。		異種アプリケーションの同一基盤への相乗りを促進するための優先度概念の有効性について検証する。地方都市で有限の帯域を多人数でシェアする場合を想定し，サプライサイドのコスト回収とユーザによる価値創造の両立という観点から優先度概念の有効性を検証する。 【優先度概念の有効性と利用目的の違い（社会的・私的）によるコスト回収への影響を検証する】	藤沢市でのWiMAX展開計画

第4章

調査設計と調査結果
RQ1:レイヤー間分業形態の分類と提供アプリケーションとの関係

RQ1：レイヤー間分業形態とアプリケーションとの関係はどのようになっているのか。	
RQ1-1： 我が国の過疎地域の通信基盤整備におけるレイヤー間分業形態にはどのようなものがあるのか。	RQ1-2： どのような性質のアプリケーションが提供されている場合に，どのような整備・運営形態となるのか。

　RQ1では，レイヤー間分業形態の分類と，提供アプリケーション整備運営形態との関係性の解明を目的に，我が国の過疎地域における通信基盤整備事例を調査・分析する。過疎地域における通信基盤整備事例を調査する理由は次の2つである。1つ目が，採算面の課題から民間事業者単独での事業参入が難しい過疎地域等の条件不利地域では，何らかのレイヤー間分業が必要になるため，レイヤー間分業形態を観察しやすいという利点があることである。2つ目が，過疎地域における通信基盤整備は，行政区域単位で行われることが多く，各事例を比較検討しやすいという利点があることである。

　RQ1は次に述べる2つの下位RQから構成される。RQ1-1では，過疎地域におけるブロードバンド通信基盤整備方法について，物理インフラ・通信設備レイヤーと通信サービスレイヤーに着目し，レイヤー間分業形態を整理する。RQ1-2では，レイヤー間分業形態と提供されているアプリケーションの関係を解明するため，調査事例の分析を行う。

　次節以降では，RQ1-1とRQ1-2の調査設計および調査結果について述べる。

調査設計（RQ1-1）：レイヤー間分業形態の分類

　過疎地域では，初期投資および運営費を回収するための十分な加入者数を確保できない，山間部に集落が点在しているため整備費用が莫大になるという採算面の課題から，民間事業者単独でビジネスベースのサービス提供を行うことが難しい。採算面での課題を抱える過疎地域では，レイヤー間分業に

よって官民連携で通信基盤が整備されている事例が多い。通信事業はレイヤー化しているため，PFI（Private Finance Initiative）で行われている官民連携分類では捕捉しきれない。そのため，過疎地域における通信基盤整備事例を調査し，レイヤー間分業形態を整理する。

公共事業の効率化のため，道路，鉄道，空港，公園等の公共施設，市や県の庁舎等の公用施設，医療施設，教育施設，社会福祉施設等の公益施設等，様々な公共事業でPFI手法が導入されている。これは，税金を財源とする公共事業分野に民間企業の資金やノウハウを導入することで，VFM（Value for Money）を高め，財源を効率的に利用することを目的にしている。PFI発祥の地である英国におけるPFIの形態は，①民間が施設の建設・運営を行い，公共が民間からサービスを購入する「サービス購入型」，②民間，公共の双方が資金を拠出して施設の整備を行い，運営は民間主導で行う「ジョイントベンチャー型」，③公共から事業認可を受けた民間が施設の整備・運営を行う「独立採算型」の3つに分類されている[1]。この大まかな類型が決められた後に，施設の建設（Build），保有（Own），事業の運営・施設の使用権（Operate），一定期間運用後の所有権等の移転（Transfer）等の組み合わせで様々な建設・所有・運営形態が検討される[2]。

従来PFIが導入されてきた分野と通信分野を比較すると，PFIは，道路，公園，庁舎，医療施設等の設備における単一のレイヤー内（建物等の物理的インフラ内）の官民連携方法であるのに対し[3]，通信分野ではレイヤー化した事業構造のもと，レイヤー間の官民連携が発生しており，複雑である。通信事業における官民連携の分業形態を分類したうえで，通信インフラの整備者・保有者，サービス提供者・購入者に着目した分類を行う必要がある。

---

1) 有岡［2001］, 39-40ページ。
2) 有岡［2001］, 45-46ページ。
3) 鉄道については，線路設備の保有者と車両を保有して運行サービスを行う形態での上下分離が進んでいることから，レイヤー間分業が発生している。この点で，他の公共・公用・公益施設と異なる点に留意する必要がある。

調査結果（RQ1-1）：レイヤー間分業形態の分類

　我が国におけるブロードバンド通信基盤整備・運営形態を，物理インフラ構築者（設備所有者）と，通信サービス運営者の2軸で分類すると，「民設民営」，「公設民営」，「公設公営」の3形態に分類することができる。なお，本書における「民設民営」，「公設民営」，「公設公営」の用語の定義は次のように行った。「民設民営」とは，民間事業者が伝送路を整備したうえで，民間事業者によるサービス運営を行っていることをいう。ここには，相互接続等により他の民間事業者が敷設したネットワークの一部を利用する場合も含まれる。「公設民営」とは，地方自治体が整備した伝送路や伝送設備を民間事業者に開放することにより民間企業がサービス運営を行っていることをいう。「公設公営」とは，地方自治体ないしは第三セクターが伝送路を整備したうえで，自らが登録電気通信事業者としてサービス運営を行っていることをいう。第三セクターには，公的部門の出資比率，運営状況の実態等により様々なバリエーションがあるが，本書では，出資関係のみに着目し，市町村が出資する非公開会社である第三セクターを「公」に分類した。また，本書で取り上げるブロードバンドインターネットを実現するアクセス系サービスは，数Mbps以上の伝送速度が実現できるFTTH，ケーブルインターネット，ADSL，FWA・公衆無線LANとした。

　過疎地域等の条件不利地域では，初期投資および運営費を回収するための十分な加入者数を確保できないという採算面での課題から，住民からの希望があるものの民間事業者によるブロードバンド通信サービス提供予定のない地域が多く存在する。これら採算面での課題を抱える過疎地域で実際にブロードバンド通信サービスを実現している事例では，サービス運営主体が官民のいずれであるかにもかかわらず，補助金交付，伝送路の構築等，官（国・地方自治体）が何らかの役割を担っている。そのため，「公設公営」，「公設

民営」の整備・運営形態が採用されることが多い。

　従来，公設公営のCATV事業が過疎地域における通信基盤整備の有力な手段であった。ところが昨今，民間企業単独での事業展開が難しい過疎地域で，技術進歩によって可能になったレイヤー間分業を背景に，自治体と通信事業者が連携して公設民営で通信基盤整備を行う事例が出現している。これは，民の資金で民が運営するサービスを官が購入するPFIとは異なり，官が設備投資を行って構築した伝送路を利用して民が運営するサービスを官が購入するものである。

　過疎地域におけるブロードバンド通信サービス提供の仕組みは，伝送路構築者（設備所有者），サービス運営者，住民へのサービス提供者の3層で構成されており，やや複雑である。ブロードバンド通信サービスは，NTT交換局から加入者宅までのラストワンマイルのアクセス網区間と，いくつかの加入者回線をまとめて光ファイバ等を用いた大容量の回線で伝送してISPにつなぐ域内中継網区間，ISP区間の3区間によって構成されている。宮崎県木城町の場合，ブロードバンド通信サービス提供の仕組みは図4-1のように整理できる[4]。公設公営方式の木城町では，図4-1のように伝送路構築者（設備所有者）とサービス運営者が木城町となる。

　まず，①木城町が補助金，過疎債等を利用して地域公共ネットワークと各家庭までのアクセス回線を整備し，②それらをNTT西日本がIRU[5]契約で借り受けて木城町へインターネット接続サービスを提供し，③木城町が住民向け

---

[4] 木城町およびNTT西日本宮崎支店へのヒアリング調査結果と下記の資料から作成した。
　・木城町ホームページ
　　〈http://www.town.kijo.miyazaki.jp/1/image/info.pdf〉（閲覧日：2008年9月30日）．
　　〈http://www.kijo.jp/densan/kis/kis_top_00.jsp〉（閲覧日：2008年9月30日）．
　・NTT西日本ニュースリリース
　　〈http://www.ntt-west.co.jp/news/0403/040324.html〉（閲覧日：2008年9月30日）．
　・藤井資子［2004］，1-16ページ．
　・木城町情報センタ・NTT西日本宮崎支店［2004］．

[5] IRU（Indefeasible Right of User）は「破棄し得ない使用権」とも呼ばれ，関係当事者すべての合意がない限り，破棄したり終了させたりすることができない回線使用権のことをいう。IRU契約では，一般の賃貸借契約に基づく使用権に比べて，使用権者の権利が強く保護されている。

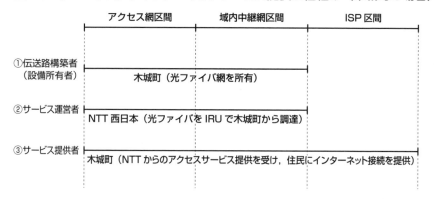

インターネットアクセスサービスの提供を行っている。このスキームは，自治体が所有する光ファイバの一部を民間開放する場合の基本的なスキームである。

　本書では，伝送路構築者（設備保有者）とサービス運営者の部分を考察の対象としている。木城町は公設民営方式である。公設民営の場合，地方自治体が行政サービス用に敷設した地域公共ネットワーク等を民間開放することで，通信事業者が未利用芯線を借り受けて通信サービスを運営することから，複数の芯線をまとめた１本の光ファイバケーブルの中では，官・民という異主体の相乗りと，行政用アプリケーション，商用アプリケーションという異種アプリケーションの相乗りが発生しているということができる。この場合，芯線ごとに利用主体と提供アプリケーションが異なるため，通信の優先度という概念は存在しない。

　最後に，過疎地域における民設民営方式の可能性を考察する。八丈島ではソフトバンクBB株式会社やNTT東日本によって民設民営でADSLが提供されている[6]。これは，ネットワークの外部性に起因する効果を内部化し，

---

6) ソフトバンクBBによる八丈島へのADSLサービス提供に関する報道発表（2003年11月19日）後，NTT東日本からも八丈島でのADSLサービス提供開始に関する報道発表が行われた（2003年12月3日）
〈http://www.8jyo.net/〉（閲覧日：2008年9月18日）。

採算地域から不採算地域への企業内相互補助を行うことでサービス提供を実現していると言える。民間企業であるヤマト運輸が,不採算地域を含めて日本全国に宅急便事業を展開することが可能になった要因の1つとして,ネットワークの外部性を内部化することに成功したことを林紘一郎［1998］が指摘している[7]。これらのことから,ネットワークの外部性に起因する効果を内部化することができれば,民設民営による不採算地域での事業展開の可能性が十分に存在すると言える。この際に考慮すべきことは,ヤマト運輸の場合,トラックが走る道路はすでに建設済みであり,無料で利用できるが,通信事業者の場合,各家庭までのラストワンマイルのインフラ投資が必要であり,他事業者が敷設した既設のインフラを利用する場合にも必ず利用料が発生するという違いがあることである。

3 調査設計（RQ1-2）：レイヤー間分業形態と提供アプリケーションとの関係

　RQ1-2では,RQ1-1で整理した通信基盤整備・運営形態と,提供されているアプリケーションの性質に着目した分析を行う。具体的には,どのような性質のアプリケーションが提供されている場合に,RQ1-1で調査・分類した整備・運営形態が採用されるかという関係を明らかにする。

　公益事業の独占性の強さを説明する要因として,北［1974］が次の2点を指摘している[8]。第一に,公益事業には大規模特殊設備が必要であり,大きな固定資本が必要となること。第二に,提供サービスは設備被拘束性が強く,

---

〈http://www.softbankbb.co.jp/ja/news/press/2003/20031119_01/index.html〉（閲覧日：2008年9月18日),
〈http://www.ntt-east.co.jp/tokyo/release/2003/031203-01.html〉（閲覧日：2008年9月18日）。

7) 林紘一郎［1998］,162ページ。
8) 北［1974］,49ページ。

設備との密接な連結においてのみ提供可能であるということ。

これらを通信事業にあてはめて考えると次のように推論できる。

第一の点からは，設備投資額が大きいアクセス回線を用いる場合（固定費負担が大きくなり事業規模が大きくなる場合），採算面での課題を抱える過疎地域では損益分岐点に達するまでの期間が長期化することから，潤沢な財政支援が期待できる公設公営の整備・運営形態が採用され，その逆の場合には，公設民営の整備・運営形態が採用される可能性があると推論できる。

アクセス回線を設備投資額の大小で分類すると，大きいものが光ファイバ，同軸ケーブル，小さいものが銅線（ADSL），無線（FWA）となる。初期投資額は，整備対象地域の地理的条件，人口密度等の諸条件によって異なるが，光ファイバでおおむね数億円〜数十億円の投資が，同軸ケーブルではおおむね十億円以上の投資が必要になる。一方，ADSLやFWAでは数千万円の投資が必要となる。

第二の点からは，提供アプリケーションの設備被拘束性が強い場合に，設備と提供アプリケーションとの一体性の強さから通信基盤整備主体とサービス運営主体が同一である公設公営形態が採用され，それが弱い場合には公設民営が採用されると推論できる。設備被拘束性が強いアプリケーションとして，電話や放送型CATVがあげられる。いわゆる固定電話は，条件不利地域における地域単位のブロードバンド通信基盤整備とは別に，ユニバーサルサービスとして提供されているため，今回の分析対象からは除いた。放送型CATVを含む放送事業全般については，林紘一郎［1998］が，放送法上の扱いは設備とサービスの分離を前提としていながら，行政指導上はそれらの一体性が高い運用が行われていることを理由に制度運用上の設備被拘束性の強さを指摘している[9]。本章ではブロードバンド通信基盤整備・運営形態の違いのみに着目しており，通信，放送に関する制度面での議論には言及していない。しかし，今後，通信と放送の連携を考えるにあたり，本論点を掘り下げて検討する必要があろう。

---

9) 林紘一郎［1998］，172ページ。

設備被拘束性が弱いアプリケーションとして，IP通信があげられる。コンテスタビリティの理論（Baumol et al. [1982]）によれば，設備被拘束性が弱く，設備とサービス（アプリケーション）の分離が可能な場合，事業参入時の埋没費用（サンク・コスト）を下げることにより競争的なサービス提供の可能性が発生する。換言すれば，官が敷設したインフラを民間開放することで，民が事業参入に際して負担すべきサンク・コストを下げることができれば，民間企業による事業展開の余地があるということになる。

　以上から，アクセス回線提供事業に必要な設備投資額の大小，提供アプリケーションの設備被拘束性の強弱が通信基盤整備・運営方法に影響を与える要因となりうると推論した。したがって，過疎地域における通信基盤整備・運営事例を対象に，アクセス回線提供事業に必要な設備投資額と提供アプリケーションの設備被拘束性を説明要因，通信基盤整備・運営方法を被説明要因として，説明要因と被説明要因の関係を検証した[10]。

　事例研究は，2段階に分けて行った。まず，第1段階として，過疎地域で公設公営ないしは公設民営で住民にインターネット接続サービスを提供している事例のうち，公開情報が多く存在する事例，現地訪問調査を受け入れてくれた事例を対象に，説明要因と被説明要因の関係を検証した。

　第1段階の事例分析は，次の手順で行った。まず，説明要因の1つであるアクセス回線提供事業に必要な設備投資額の大小と被説明要因である整備・運営形態別との関係を，アクセス回線ごとに検証した。設備投資額の大小により，整備・運営形態に違いが発生するか，同一アクセス回線を利用している場合に整備・運営形態は同一かという点について検証した後，もう1つの説明要因である提供アプリケーションと整備・運営形態との関係を検証した。アクセス回線別に分類した調査事例は**表4-1**のとおりである（各事例の詳細は，

---

[10] 地方自治体の財政事情は自治体ごとに異なるが，本書では，過疎地域の地方自治体の財政は，程度の差はあるものの，大都市圏の地方自治体に比べて一様に困難な事情にあると考え，説明要因から除外した。

第7章の参考資料1を参照)。

　光ファイバについては，村内全戸を光ファイバで結ぶ村として知られている西興部村（北海道）の他，2004年4月1日現在でNTTの特定地域向けIPデータ通信網サービスを利用してサービス提供を行っている矢島町（秋田県）[11]と木城町（宮崎県）において訪問調査を行った。

　同軸ケーブルを用いたCATV整備事例では，農林水産省の田園地域マルチメディアモデル整備事業や総務省の新世代地域ケーブルテレビ施設整備事業の補助を受けて市町村ないしは第三セクターが整備・運営する事例から，訪問調査に応じてくれた遠野市（岩手県）で現地調査を行った。

　ADSLについては，萌芽的な地元密着型のビジネスモデルを展開している関西ブロードバンド株式会社を調査した。同社が兵庫県内の条件不利地域でサービス展開しているのは淡路町，東浦町，一宮町，津名町，佐用郡上月町，佐用町，大河内町の計7町である（2005年3月現在）[12]。このうち，訪問調査に応じてくれた淡路町で現地調査を行った。また，2005年3月現在，県レベルで条件不利地域におけるADSL展開支援策を打ち出しているのは岩手県，秋田県，新潟県，福井県，静岡県，京都府，兵庫県，岡山県，山口県，高知県，愛媛県，宮崎県，鹿児島県の計13県であり[13]，このうちホームページ上で整備決定地域が公開されていた秋田県の事例を調査した[14]。

　FWA・公衆無線LANについては，雑誌やインターネット等で多く紹介さ

---

11) 2005年3月22日から，本荘市，岩城町，大内町，由利町，西目長，東由利町，鳥海町と合併し，由利本荘市となっている。

12) 2005年4月1日から津名町，淡路町，北淡町，一宮町，東浦町の5町が合併し淡路市となっている。2005年10月1日から，佐用町，南光町，三日月町が合併し，佐用町となっている。2005年11月7日から神崎町と合併し，神河町となっている。

13) 総務省，「次世代ブロードバンド構想2010：ディバイド・ゼロ・フロントランナー日本への道標 参考資料3」，2005年7月15日〈http://www.soumu.go.jp/s-news/2005/pdf/050715_8_04_s03_03.pdf〉（閲覧日：2008年9月19日）。

14) 2002年度，2003年度の秋田県の高速インターネットアクセス基盤整備事業の公募結果については，2005年9月9日に下記のURLで取得した情報をもとに記載している。2008年9月19日時点でページが存在していないため，現在閲覧することはできなくなっている
〈http://www.pref.akita.jp/system/int/naiyou.htm〉（2002年度），
〈http://www.pref.akita.jp/system/int/15kekka.html〉（2003年度）。

表4-1 調査事例1

アクセス回線	整備事例
光ファイバ（FTTH）	秋田県矢島町（現：由利本荘市），宮崎県木城町
	北海道西興部村
同軸ケーブル（ケーブルインターネット）	岩手県遠野市
銅線（ADSL）	秋田県の条件不利地域[*1]，兵庫県淡路町（現：淡路市）
無線（FWA・公衆無線ＬＡＮ）	福島県原町市（現：南相馬市），北海道上湧別町（現：湧別町）

[*1] 2002年度の整備対象地域と補助対象事業者は次のとおり（8町2事業者）。
　　合川町，森吉町，藤里町，羽後町を東日本電信電話株式会社秋田支店が整備。
　　小坂町，東由利町，太田町，千畑町を東北インテリジェント通信株式会社が整備。
　　2003年度の整備対象地域と補助対象事業者は次のとおり（26町村2事業者）。
　　雄和町，岩城町，協和町，仙南村，若美町，由利町，仙北町，大雄村，稲川町，雄勝町，阿仁町，上小阿仁村，八森町，鳥海町，南外村，西木村，東成瀬村，山内村，皆瀬村を東日本電信電話株式会社秋田支店が整備。
　　琴丘町，八竜町，神岡町，西仙北町，中仙町，山本町，峰浜村を東北インテリジェント通信株式会社が整備。

注：市町村合併により，町村名が次のように変更になっている。
　　合川町，森吉町，阿仁町は，2005年3月22日から北秋田市となった。
　　東由利町，岩城町，由利町，鳥海町は，2005年3月22日から由利本荘市となった。
　　太田町，協和町，仙北町，南外村，神岡町，西仙北町，中仙町は，2005年3月22日から大仙市となった。
　　千畑町，仙南村は，2004年11月1日から美郷町となった。
　　雄和町は，2005年1月11日から秋田市となった。
　　若美町は，2005年3月22日から男鹿市となった。
　　大雄村，山内村は，2005年10月1日から横手市となった。
　　稲川町，雄勝町，皆瀬村は，2005年3月22日から湯沢市となった。
　　八森町，峰浜村は，2006年3月27日から八峰町となった。
　　西木村は，2005年9月20日から仙北市となった。
　　琴丘町，八竜町，山本町は，2006年3月20日から三種町となった。

れている原町市（福島県）[15)]の他に，関西ブロードバンドと同じく萌芽的な地元密着型ビジネスモデルを北海道で展開しているワイコム株式会社に着目した。同社が北海道で2.4GHz帯無線アクセスサービスを提供しているのは，札幌市，上湧別町[16)]，湧別町，蘭越町，小清水町，日高町[17)]，稚内市，新篠津村，三石町[18)]，寿都町，平取町，厚田村[19)]，赤井川村，留寿都村，真狩村，猿払村，丸

---

15) 2006年1月1日から，鹿島町，小高町と合併して南相馬市となっている。
16) 2009年10月5日から，湧別町となっている。
17) 2006年3月1日から，門別町と合併し，日高町となっている。
18) 2006年3月31日に，静内町と合併し，新ひだか町となっている。
19) 2005年10月1日から，石狩市へ編入され，厚田区となっている。

表4-2　調査事例2

補助事業の年度	補助対象地域
2002年度事業	北海道長沼町，秋田県矢島町（現：由利本荘市），岡山県建部町（現：岡山市），広島県大崎上島町
2003年度事業	茨城県七会村（現：城里町），新潟県能生町（現：糸魚川市），愛知県足助町（現：豊田市），宮崎県木城町
2004年度事業	北海道ニセコ町，北海道倶知安町，秋田県由利・鳥海町（現：由利本荘市），山形県八幡町（現：酒田市），岡山県勝田町（現：美作市），徳島県神山町・佐那河内村

(注)　市町村合併により，町村名が次のように変更になっている。
　　秋田県矢島町は，2005年3月22日から由利本荘市となった。
　　岡山県建部町は，2007年1月22日から岡山市となった。
　　茨城県七会村は，2005年2月1日から城里町となった。
　　新潟県能生町は，2005年3月19日から糸魚川市となった。
　　愛知県足助町は，2005年4月1日から豊田市となった。
　　山形県八幡町は，2005年11月1日から酒田市となった。
　　岡山県勝田町は，2005年3月31日から美作市となった。

瀬布町[20]の計17町村の一部である（2003年11月現在）[21]。このうち，訪問調査に応じてくれた上湧別町（現：湧別町）において現地調査を実施した。

次に，第2段階の事例分析として，第1段階の事例分析で設備投資額の大小で説明できなかった差異がもう1つの説明要因である提供アプリケーションの設備被拘束性によって説明できた光ファイバを用いた整備事例について追加事例研究を行った。調査事例は，総務省による加入者系光ファイバ網設備整備事業[22]の補助を受けた案件（2002度事業から2004度事業までの計14

---

20) 2005年10月1日から，生田原町，遠軽町，白滝村と合併し，新設合併による町名は遠軽町となっている。
21) ワイコム株式会社ホームページ〈http://www.wi-com.jp〉（閲覧日：2003年11月30日）。〈http://www.wi-com.jp/pressrelease/2003/10/air11-3.html#more〉（閲覧日：2009年3月31日）。
22) 加入者系光ファイバ網の整備については，総務省が地域情報交流基盤整備モデル事業（加入者系光ファイバ網整備事業）を2002年から実施している。これは，過疎地域等において地域公共ネットワークを活用しつつ加入者系光ファイバ網を整備し，超高速インターネットアクセスが可能な環境を整備することを目的とした事業である。事業実施地域（事業主体）は，過疎地域または離島のいずれかの指定を受けた地域を含む町村で，光ファイバケーブル，光変換装置，送受信装置等を補助対象経費として，国庫から1/3の補助が行われる。また，加入者系光ファイバ網整備事業費補助金以外の地方公共団体負担分については，地域活性化事業債ないしは過疎債の起債が可能である。（総務省東北総合通信局ホームページ〈http://www.soumu.go.jp/soutsu/tohoku/toukei/itsuisin2005/material/chapter02_6.html〉（閲覧日：2004年9月15日）。

件）である（**表4-2参照**）。このうち，秋田県矢島町（現：由利本荘市），宮崎県木城町については**表4-1**からの再掲となる。この他にも，岩手県江刺市[23]のように，市が地域公共ネットワークを開放することで，第三セクターがアクセス回線に光ファイバを用いた通信基盤を整備している事例があるが，今回はアクセス回線整備にも国庫補助が必要な条件不利地域に調査対象を絞り，加入者系光ファイバ網設備整備事業の補助を受けた地方自治体を対象に調査を行った。

4 調査結果（RQ1-2）：レイヤー間分業形態と提供アプリケーションとの関係

（1）調査事例の概要

調査事例の概要を，アクセス回線の種別ごとに述べる。なお，調査事例の中には市町村合併により市町村名が変更になっているものがある。整備当時の整備対象地域を明確に示すため，旧市町村名で記載した。

①アクセス回線に光ファイバを用いている場合

矢島町[24]（秋田県），木城町（宮崎県）では，アクセス回線に設備投資額の大きい光ファイバを利用し，設備被拘束性の弱いIP通信が提供されている。整備・運営形態は公設民営である。具体的には，①自治体が補助金，過疎債等を利用して地域公共ネットワークと各家庭までのアクセス回線を整備し，②それをNTT地域会社がIRU契約で借り受けて自治体へインターネット接続サービスを提供し，③自治体が住民向けインターネットアクセスサービスの提供を行っている。

矢島町はNTT東日本秋田支店との連携で通信基盤整備を行い，2003年4

23）2006年2月26日から，水沢市，前沢町，胆沢町，衣川村と合併し，奥州市となった。
24）市町村合併により，由利本荘市（2017年現在）。

月1日にサービスを開始している。同町ではテレビの難視聴地域が多く存在しているが，テレビの共同受信システムにより難視聴対策が行われているため，IP通信のみが提供されている。テレビ共同受信システムとは，電波状況の良好なところに共同受信アンテナを設置し，光ファイバや同軸ケーブルを利用して映像信号を各家庭へ伝送するものである。CATV事業のように映像送受信用の特殊設備や大規模センター設備を必要としないため，設備被拘束性は弱い。

　木城町では，矢島町の事例を参考にしながら，NTT西日本宮崎支店との連携で通信基盤整備を行い，2004年4月1日にサービスを開始している。差し迫った難視聴対策の必要はないものの，地上デジタル放送開始後のテレビ放送再送信の必要性と，既存のコミュニケーションツールであるオフトーク通信との併用を勘案し，光ファイバを用いた通信基盤整備が行われた。

　西興部村（北海道）では，アクセス回線に設備投資額の大きい光ファイバを利用して，設備被拘束性の弱いIP通信と，設備被拘束性の強いCATV放送，電話が提供されている。整備・運営形態は公設公営であり，設備被拘束性の強いCATV放送と設備被拘束性の弱いインターネット接続を登録電気通信事業者である村が運営している。西興部村には銅線が一本も存在しないため，固定電話サービスは，村が整備した光ファイバ網をNTT東日本へ貸し出すことでNTT東日本が提供している。したがって，村が提供する設備被拘束性の高いサービスはCATV放送のみとなる。

　同村では，村が整備した村内全戸を結ぶ光ファイバネットワーク上で，音声（電話），データ（IP通信，町の基幹産業である酪農家向け経営支援サービス，住民向け健康相談サービス等），映像（難視聴対策CATV）を提供するトリプルプレーが行われている。光ファイバ網構築の契機となったのは1989年以来続いている難視聴対策CATV設備の老朽化であった。寒冷地では同軸ケーブルの伸び縮みによる劣化が激しい。また，同軸ケーブルは，伝送距離が長くなるほど映像の品質を確保することが難しくなるため，役場から遠い地区へ伝送される映像品質が不安定になる。そこで，気候条件による

伸び縮みが少なく，遠距離であっても安定した伝送品質を確保することが可能な光ファイバを用いた設備更改が行われた。

②アクセス回線に同軸ケーブルを用いている場合

遠野市（岩手県）では，アクセス回線に設備投資額の大きい同軸ケーブルを利用し，難視聴対策CATV事業が行われている。整備・運営形態は公設公営である。事業主体は遠野市で，CATV網を利用して提供されるサービスの運営・管理は遠野市が出資する第三セクターが行っている。遠野市では，CATV放送の他，CATV網の空き帯域を利用してCATVインターネット，CATV電話（CATVサービスエリア内のみ），安否確認サービス，在宅健康管理サービス等のアプリケーションが提供されている。提供アプリケーションのうち，インターネットアクセス，安否確認サービス，在宅健康管理サービスは物理層を選ばず通信が可能な性質を持っており設備被拘束性は弱い。一方，CATV放送は設備とアプリケーションの関連性が強いため，設備被拘束性が強い。遠野市で提供されているCATV電話はCATV網内に限った内線電話として提供されており，一般の固定電話，携帯電話との通話が可能なものではないため，考察の対象から除外した。

③アクセス回線に銅線（ADSL）を用いている場合

秋田県の過疎地域，淡路町[25]（兵庫県）では，アクセス回線に設備投資額の小さい銅線（ADSL）を利用し，設備被拘束性の弱いIP通信を提供している。整備・運営形態は公設民営である。

秋田県では，採算面の課題から民間事業者が参入していない過疎地域を対象に，県が設備，工事費の半額（上限1,500万円）を補助することを条件に，サービス提供事業者の公募が行われた。その結果，2002年度に8町，2003年度に26町村でNTT東日本秋田支店，東北インテリジェント通信（東北電力の通信子会社）によってサービス提供が行われることになった。

---

25) 市町村合併により，兵庫県淡路市（2017年現在）。

一方で，設備投資額が比較的小さいというADSLの技術特性を活かし，ベンチャー企業が過疎地域で事業展開を行っている事例がある。関西ブロードバンド株式会社（本社：兵庫県神戸市）は，兵庫県が構築している兵庫情報ハイウェイを域内中継網に使用し，さらに兵庫県の助成金制度（ブロードバンド100％整備プログラム）を活用することで，兵庫県内のブロードバンド未整備地域にADSLサービスを提供している。バックボーン回線として民間に無償開放されれている兵庫情報ハイウェイを利用することにより，初期投資額とサービス開始後の回線運営費用を削減している。その結果，損益分岐点加入者数が引き下げられ，条件不利地域での事業展開が可能になった。この事業モデルは，関西ブロードバンド社内において，社会的資本整備事業と捉えられており，地方自治体における公共性と自社の収益性のバランスを取りながら事業展開が行われている。淡路町では，町民の利用意欲を削がぬうにと町費から2,200万円の補助を行い，2002年12月，関西ブロードバンドによる月額1,980円の安価な住民向けADSLサービスが開始された。

④アクセス回線に無線（FWA・公衆無線LAN）を用いている場合

　原町市[26]（福島県），上湧別町[27]（北海道）では，アクセス回線に設備投資額の小さい無線（FWA・公衆無線LAN）を利用し，設備被拘束性の弱いIP通信を提供している。整備・運営形態は公設民営である。

　原町市では，アクセス回線に26GHz帯無線を用いているが，サービス提供の仕組みは光ファイバを用いている矢島町，木城町と同様である。同市では通信事業者によってADSLが提供されていたが，技術特性上NTT局舎から2km以上離れた地域では伝送速度が著しく低下するため，十分な速度が確保されない市周辺部の住民からはブロードバンド通信基盤整備に対する要望があがっていた。当初アクセス回線に光ファイバを用いる案も浮上したが，同市では住宅間の間隔が広いため，多額の設備投資額と長期にわたる整備期間

---

26) 市町村合併により，福島県南相馬市（2017年現在）。
27) 市町村合併により，北海道紋別郡涌別町（2017年現在）。

が必要となる。したがって，より安価に短期間で整備可能なFWAが採用されることとなった。通信基盤整備はNTT東日本福島支店と連携して行われた。

一方，設備投資が比較的小さいという無線の技術特性を活かし，ベンチャー企業が過疎地域で事業展開を行っている事例がある。ワイコム株式会社（本社：北海道札幌市）は，北海道におけるADSL，光ファイバ，CATV等によるブロードバンド通信サービス提供予定のない地域をメインターゲットに，100加入を開局の条件とし，無線によるブロードバンド通信サービスを提供している。北海道では1市町村当たりの面積が広く，住宅間の間隔も広い。そのため，光ファイバでアクセス回線を整備するとなると多額の費用と長期の整備期間を要することになる。また，交換局から離れたところに集落が点在するため，伝送距離に制限のあるADSLでは通信基盤整備を行うことが難しい。そのため無線へのニーズは多い。2003年11月現在，北海道内の17市町村で2.4GHz帯無線アクセスサービス提供を行っており[28]，約50町村からサービス提供の要望があがっている[29]。

ワイコムは，不採算地域で事業展開する際には，自治体が構築した無線設備をIRU契約で借り受ける等の方策をとり，初期投資額を削減している。また，無線基地局設置にあたり，地方自治体に協力を依頼し，自治体の建物を利用することで，基地局建設費用と維持・運営費用を削減している。高層建築が少ない過疎地域では，役場や学校の屋上，防災用のサイレン塔に無線基地局を設置する場合が多く，無線ならではの技術特性と過疎地域の町並みを活用したコスト削減策となっている。上湧別町内の不採算地域でもこの方策を用いてサービス提供が行われている。

（2）アクセス回線の設備投資額と整備・運営形態との関係
　　：第1段階の事例研究

---

[28] 2005年11月から，道内の一部地域にて5GHz帯無線アクセスサービスも開始している
〈http://www.wi-com.jp/pressrelease/2005/11/5ghzair5g.html#more〉（閲覧日：2009年3月30日）。

[29] ワイコム株式会社インタビューメモ，2003年11月20日。

調査事例について，説明要因である設備投資額の大小と，被説明要因である通信基盤整備・運営形態（公設公営・公設民営）との関係について分析する。説明要因と被説明要因間の関係を把握するため，予備調査として第1段階の事例研究を行った。ここでは，過疎地域で公設公営ないしは公設民営で住民にインターネット接続サービスを提供している事例のうち，公開情報が多く存在する事例，現地訪問調査を受け入れてくれた事例を対象に，説明要因と被説明要因の関係を検証する。

調査事例をアクセス回線の設備投資額の大小で分類すると表4-3のようになる。

表4-3　アクセス回線別分類

アクセス回線	設備投資額	整備・運営形態	整備事例
光ファイバ（FTTH）	大	公設民営	矢島町（秋田県）・木城町（宮崎県）
同軸ケーブル（ケーブルインターネット）		公設公営	西興部村（北海道）
		公設公営（第三セクター含む）	遠野市（岩手県）
銅線（ADSL）	小	公設民営	秋田県の過疎地域，淡路町（兵庫県）
無線（FWA・公衆無線LAN）		公設民営	原町市（福島県），上湧別町（北海道）

アクセス回線の設備投資額と整備・運営形態の関係に着目して表4-3を見ると，設備投資額の小さい銅線（ADSL），無線（FWA・公衆無線LAN）ではすべての事例が公設民営であるが，設備投資額の大きい光ファイバ，同軸ケーブルについては公設公営と公設民営が混在している。第2段階の事例研究では，この違いを，もう1つの説明要因である提供アプリケーションの設備被拘束性の強弱で説明できるかどうか検証する。

(3) 提供アプリケーションの設備被拘束性と整備・運営形態との関係：第2段階の事例研究

アクセス回線の設備投資額の大小と，整備・運営形態との関係を検証した第1段階の事例研究では，設備投資額の大きい光ファイバと同軸ケーブルをアクセス回線としている事例に，公設公営と公設民営の両方式が混在していた。この違いを説明するため，もう1つの説明要因である提供アプリケーションの設備被拘束性の強弱と整備・運営形態との関係を分析した。

表4-3に提供サービスを加えると表4-4のようになる。提供アプリケーションのうち，設備被拘束性の強いものがCATV，弱いものがIP通信である。

表4-4　設備投資額の大小と提供サービス

アクセス回線	設備投資額	整備・運営形態	整備事例	提供アプリケーション
光ファイバ (FTTH)	大	公設民営	矢島町（秋田県）・木城町（宮崎県）	IP通信
		公設公営	西興部村（北海道）	CATV，IP通信
同軸ケーブル（ケーブルインターネット）		公設公営（第三セクター含む）	遠野市（岩手県）	CATV，IP通信
銅線（ADSL）	小	公設民営	秋田県の過疎地域，淡路町（兵庫県）	IP通信
無線（FWA・公衆無線LAN）		公設民営	原町市（福島県），上湧別町（北海道）	IP通信

表4-4から，提供アプリケーションに設備被拘束性の強いCATVが含まれる場合に公設公営方式がとられており，設備被拘束性が弱いIP通信のみを提供している場合は，アクセス回線の設備投資額の大小にかかわらず公設民営方式がとられていることがわかる。

CATVを提供する場合，放送を行うための伝送路を含む大規模特殊設備が必要になり，なおかつ設備と放送アプリケーションの一体性が高いため，

事業を行うには多額の設備投資ならびに運営費用が必要になる。そのため，採算面での課題が存在する過疎地においては，公設公営（第三セクター含む）の整備・運営形態がとられていると言える。

第1段階の事例研究における調査事例の分析結果から，公設公営，公設民営という整備・運営形態の違いをもたらす要因は，設備投資額の大小ではなく，提供アプリケーションの設備被拘束性である可能性が高いという結果を得た。

表4-5　加入者系光ファイバ網整備事業の分類

整備主体	運営主体	整備・運営方法	提供アプリケーション
岡山県建部町（現：岡山市）	岡山ネットワーク株式会社（第三セクター）	公設公営	IP通信，CATV
新潟県能生町（現糸魚川市）	糸魚川市（市が電気通信事業者として自営）		
愛知県足助町（現豊田市）	ひまわりネットワーク株式会社（第三セクター）		
徳島県神山町・佐那河内村	ケーブルテレビ徳島株式会社（第三セクター）		
北海道長沼町	北海道総合通信網株式会社	公設民営	IP通信
秋田県矢島町（現由利本荘市）	東日本電信電話株式会社		
広島県大崎上島町	株式会社エネルギア・コミュニケーションズ [1]		
茨城県七会村（現：城里町）	日本放送通信株式会社 [2]		
宮崎県木城町	西日本電信電話株式会社		
北海道ニセコ町	東日本電信電話株式会社		
北海道倶知安町	北海道総合通信網株式会社		
秋田県由利町・鳥海町（現：由利本荘市）	東日本電信電話株式会社		
山形県八幡町（現：酒田市）	東日本電信電話株式会社 [3]		
岡山県勝田町（現：美作市）	西日本電信電話株式会社		

*1　株式会社エネルギア・コミュニケーションズは中国電力の100％出資会社。
*2　日本放送通信株式会社は民間のケーブルテレビ事業者。
*3　山形県八幡町では，町が電気通信事業者として東日本電信電話株式会社に卸電気通信役務を提供し，それを受けて東日本電信電話株式会社がサービスを運営している。IP通信のみを提供しているその他の例では，整備主体が運営主体に光ファイバをIRU契約で貸し出している。

（4）提供アプリケーションの設備被拘束性と整備・運営形態の関係に関する追加調査：第2段階の事例調査

　第2段階の事例研究から，公設公営，公設民営という通信基盤整備・運営形態の違いは，提供アプリケーションの設備被拘束性で説明できる可能性が高いことがわかった。

　そこで，第1段階の事例研究で同一アクセス回線を用いているにもかかわらず，整備・運営形態に違いが生じた光ファイバによる整備事例に着目し，提供アプリケーションの設備被拘束性と整備・運営形態との関係について追加事例研究を行った。表4-2にあげた調査事例について，自治体へのヒアリング調査や公開情報をもとに，整備主体，運営主体，提供アプリケーションの分類を行ったものが表4-5である。

　表4-5から，提供サービスに設備被拘束性の強いCATVが含まれている場合に公設公営方式がとられており，設備被拘束性の弱いIP通信のみを提供している場合は公設民営方式がとられていることがわかる。

（5）レイヤー間分業形態と提供アプリケーションの関係：RQ1（RQ1-1，RQ1-2）に関する事例研究の分析と討論

　第1段階，第2段階の事例分析結果から，アクセス回線の設備投資額の大小にかかわらず，設備被拘束性の強いアプリケーションを提供している場合，公設公営方式がとられており，設備被拘束性の弱いアプリケーションを提供している場合，公設民営方式がとられていることがわかった。

　官がインフラを敷設したうえで自らが運営主体となって事業を営む公設公営方式は，潤沢な財政支援が見込めるため，設備投資額も運営費用もかさむ設備被拘束性の強いアプリケーションを提供する際に有用であると言える。その一方で，地方自治体が登録電気通信事業者として運営主体となる場合，電気通信事業を主たる業務としている通信事業者と異なり，技術者やノウハウを組織内に持っていないことから，技術的な課題にどう対応していくかが大きな問題となる。また，地方自治体が通信事業を営んでいる西興部村の場

合，通信容量の増加を望む一部のユーザと，それを必要ないとするユーザとの間で意見の相違が発生しており，「何をもって行政が提供する公共サービスとすべきか」，「どこまでが生活必需品でどこからが贅沢品か」という線引きが問題となっている。公設公営の場合，納税者が「生活必需サービスである」と考える最大公約数的サービススペックについての合意形成が課題となろう。年齢層によって情報通信環境の利用ニーズが異なるため，民意の合意形成は大きな課題になる。

　官が敷設したインフラを民に開放することにより通信基盤整備を行う公設民営方式では，「通信基盤整備」という共通目標の達成に向かい，インセンティブ構造とガバナンス構造がまったく異なる組織の協働が行われている。官・民，おのおのの組織が保有するリソースとノウハウを有効に活用しながら効率的に通信基盤整備が行われている。例えば，関西ブロードバンドとの連携によりADSLで町内の通信基盤整備を行った淡路町では，民のノウハウと官のリソースを有効に活用している。

　官が整備・保有するインフラの民間開放については，民業圧迫につながる可能性も指摘されるが，これによりサンク・コストが下がり，民間企業が参入する余地が発生する場合は，当該施策が有効に機能していると言えよう。さらに，公設民営では，同一インフラが官民で共用されており，二重投資を行っている財政的余裕がない過疎地域において，それがもたらす効果は大きいと言える。同一インフラに行政用，商用アプリケーションが混載されることで，官は既設インフラの利用率を上げることが可能になり，民には新たな事業展開可能性が発生する。その一方で，過疎化が進み民間事業者の採算を維持するに足る利用者数が確保できなくなった場合のサービス維持，設備メンテナンスコストの財源確保等の課題が存在する。

　なお，RQ1-1，RQ1-2で取り上げた事例では，異主体による同一基盤への相乗りと，異種アプリケーションによる同一基盤への相乗りが発生している。異主体による同一基盤への相乗りは，RQ1-1でも述べたように，公設民営の場合に発生している。具体的には，光ファイバ等，複数芯線を束ねて1本の

伝送路として敷設する物理インフラにおいて，官が利用する芯線，民が利用する芯線という形で異主体が相乗りしている。また，アプリケーションに着目すると，公設公営，公設民営の別を問わず，行政用アプリケーションと商用アプリケーション，通信と放送，電話とインターネット等，何らかの異種アプリケーションが相乗りしている。

　技術進歩が進み，アプリケーションの設備被拘束性がさらに弱まってくれば，同一基盤を複数の主体が利用し，帯域利用ニーズの異なる複数のアプリケーションを提供することが容易になる。光ファイバやCATV回線を利用したトリプルプレーサービスにその萌芽を見ることができる。1本の伝送路で通信・放送，行政用・商用の異種アプリケーションを提供することが可能になれば，複数の主体が提供する異種アプリケーションが相乗りすることで，ある程度の規模のネットワークを自律的に構築・運用できる可能性がある。

第5章

調査設計と調査結果
RQ2:異種アプリケーションの同一基盤への相乗り事例調査

> RQ2：異種アプリケーションの同一基盤への相乗りに関し，どのようなことが技術的に可能になったのか。

RQ2では，通信設備に限らず，何らかの基盤に異種アプリケーションが相乗りしている事例を調査し，通信の優先度概念の技術的な導入可能性について調査する。

技術進歩により，アプリケーションの設備被拘束性が弱くなり，通信機器やネットワーク設備に複数の主体やアプリケーションが相乗りすることが可能になった。インターネット上の通信に対する優先制御の仕組みは，IntServ（Integrated Services）とDiffServ（Differentiated Services）の2つに大別することができる。前者は，アプリケーションごとに優先制御を行うモデルである。後者は，サービスを複数の優先クラスに分け，クラス間でパケットの転送に相対的な差をつけることでトラフィックを優先制御するモデルである。IntServを実現するプロトコルが複雑なため，DiffServのほうがスケーラブルであると言われている[1]。

技術進歩により，アプリケーションの設備被拘束性が弱くなり，1つの通信機器やネットワーク設備に複数の主体やアプリケーションが相乗りするケースが出現してきた。例えば，アプリケーションごとにWebカメラへのアクセスを制御することで，行政の防災目的利用と一般ユーザの観光目的利用の相乗りを実現した「10373.com」，IPv6マルチプレフィックス技術[2]を利用して優先度の異なる通信を閉域ネットワークに相乗りさせることを試みた優先度別通信実験などがあげられる。10373.comは異種アプリケーションの端末への相乗りであり，優先度別通信実験は異種アプリケーションの伝送路への相乗りである。次節以降では，まず異種アプリケーションの端末への相乗

---

1) RBB TODAY, IT辞典〈http://dictionary.rbbtoday.com/Details/term1204.html〉〈閲覧日：2008年9月10日〉。

2) IPv6環境下で，1つのインターフェースに対し，複数のIPアドレスを付与すること（一般社団法人日本ネットワークインフォメーションセンター「インターネット用語解説」〈https://www.nic.ad.jp/ja/basics/terms/multiplefix.html〉閲覧日：2018年1月1日）。

り事例について述べ，次に伝送路への相乗り事例について述べる。

調査設計1：異種アプリケーションの端末への相乗り

　同一の設備に優先度の異なるアプリケーションが相乗りしている事例として，Webカメラの多目的利用に関する実証実験を行った「10373.com」を調査した。街頭に設置したWebカメラを防犯目的に，農地に設置したカメラを管理・監視目的にといったWebカメラの単一目的利用事例は複数存在するが，1台のWebカメラを利用目的に応じて使い分ける例はあまりない。先進的な取り組みを行っている「10373.com」がどのような多目的利用を行っているのか，それはどのような技術を利用しているのかという2点を調査した。

　「10373.com」は，Webカメラの多目的利用を実現するための技術開発とビジネスモデルの立案を目的として行われた実験である。活動が一段落し，実証実験に関連する資料の一部が公開可能になったこと，また，本書で考察しようとしている異種アプリケーションの同一基盤への相乗りという問題意識と共通点が多いこと，さらに，当事者へのヒアリングが可能であったことから調査事例として選定した。

調査結果1：異種アプリケーションの端末への相乗り

（1）10373.comにおけるWebカメラの多目的利用
　「ライブ映像地域活用コンソーシアム」の前身である「ライブ映像地域産業活性化ワーキンググループ」では，高知県大方町[3]をフィールドとして地

3）2006年3月20日から，佐賀町と合併し，黒潮町となっている。

域の映像収集・利用・活用に関する実証実験を行った。この実験は，地域のライブ映像の効率的な収集・配信を行い，収集した映像を効果的に活用するモデルを構築することを目的に，大方町浮鞭(うきぶち)海岸にWebカメラを設置し，ライブ映像を防災目的と観光目的で使い分けるものであった。

これは「とさなみドットコム実験」と呼ばれている。http://10373.comへアクセスし，会員登録を行えば誰でも海岸のライブ映像を閲覧できる。会員登録は無料である。登録に際し，ニックネーム，メールアドレス，住所（都道府県のみ），性別，生年月日，パスワードの記入が求められる。

実験のネットワーク環境は図5-1のようになっている。海岸部に設置されたWebカメラの映像を，携帯電話やパソコン（一般ユーザの観光目的利用），役場内の端末（防災目的利用）から閲覧することができる。本実験のもう1つの特徴は，民生品のWebカメラを利用して，安価で高性能なシステム構築を目指したことである。

図5-1 とさなみドットコム実験のネットワーク環境

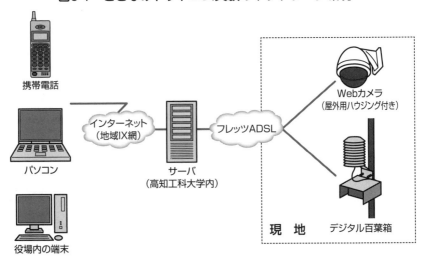

出所：ライブ映像地域活性化ワーキンググループ「ライブ映像地域産業活性化WG活動報告」，2006年3月22日。
注：図中に地域IX網とあるが，地域IX利用案があったものの，実際には利用せず，通常のインターネットを利用している。

浮鞭海岸ではサーフィンが楽しめるため，平常時のライブカメラの情報は，一般ユーザが波の状況を確認するために利用される。また，台風接近時には，一般ユーザの利用を制限し，役場の防災目的利用に特化することで，ライブカメラを利用して詳細な防災情報の収集が行えるようになっていた。

（2）10373.comにおけるWebカメラの多目的利用の技術的側面

　一般ユーザ向けの平常時の映像と，役場での防災目的利用の異常気象時の映像は使い分けができるようになっている（図5-2参照）。1台のカメラに，利用目的に合わせた異なるモードを設定することで，多目的利用を実現し，費用対効果を高めるのがこのシステムの狙いである。具体的には，1台のネットワークカメラに複数のアドレスを振り，カメラの認証機能を利用するこ

図5-2　とさなみドットコム実験概要

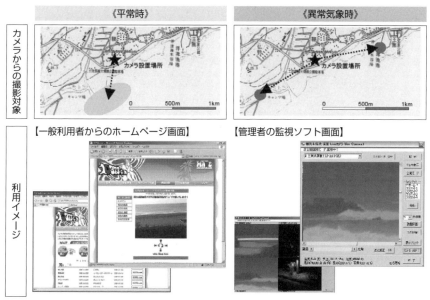

出所：ライブ映像地域活性化ワーキンググループ「ライブ映像地域産業活性化WG活動報告」，2006年3月22日。

とで，観光利用（低解像度，セキュリティ弱），災害監視用（高解像度，セキュリティ強）の多目的利用を実現した。

　平常時には，サーフィンができる浜辺の映像が低解像度で配信される。波の様子はわかるが，浜辺にいる個人が識別できないように，カメラの撮影範囲や解像度，ズーム機能に制限が設けられ，プライバシーに配慮された映像が提供されていた。

　一方，異常気象時の防災情報収集に際しては，Webカメラ側に振られた専用のIPアドレスを利用することで，浜辺全体を高解像度で映し出すことができるようになっていた。このとき，一般ユーザのWebカメラ利用は停止され，役場からの防災目的利用のWebカメラ操作が優先される。また，セキュリティに配慮して，防災目的で利用される映像は，Webカメラ側で一般ユーザとは別のIPアドレスが割り振られており，閲覧に際してパスワードが必要となっている。アドレス体系はIPv4[4]を利用している。

（3）10373.comにおけるWebカメラの多目的利用のビジネスモデル的側面

　1台のWebカメラに，利用目的に合わせた異なるモードを設定することで，多目的利用を実現し，費用対効果を高めるのがこのシステムの狙いである。災害時には，行政の担当者が役場の端末から操作する情報収集目的でのWebカメラ利用に特権モードが付与され，排他的に利用できる。その代わりに，行政に防災目的で初期投資を支出してもらい，運営費用を平時の観光利用を核に，Webサイトへのバナー広告掲載による広告料収入でまかなおうという公設民営モデルを目指していた。

　10373.comの基本コンセプトは，次の5つである。1つ目が，行政側の防災ニーズを核として，防犯，観光等，様々な動画映像をインターネットを利

---

[4] インターネットの基礎となる通信規約（プロトコル）であるIP（Internet Protocol）の第4版（「IT用語辞典」〈http://e-words/w/IPv4.html〉閲覧日：2018年1月1日）。

用して提供することである。2つ目が，イニシャルコスト（初期費用），ランニングコスト（運営費）が安価なシステムを提供することである。10373.comが利用するシステムのイニシャルコストはWebカメラ1台当たり約100万円程度，ランニングコストは月額2万数千円程度であり，従来の行政が設置する防災用ライブカメラ（国土交通省仕様で1機1千数百万円，高知県仕様でも1機5百万円以上）に比べて非常に安価であった。3つ目が，1台のカメラを多目的利用することで費用対効果を高めることである。4つ目が，地域IXを活用した安全かつ安定的な通信環境を提供することである（当初，地域IXの活用が検討されていたが，実際には通常のインターネットを利用した）。5つ目が，防災等の各種行政業務の効率化とアウトソースを支援することである。

この基本コンセプトの背景には，市町村の防災担当者の強いニーズがあった。市町村の防災担当者は1名体制のところが多い。そのため，災害発生時には，現場確認等の人手が不足することがあった。災害の発生状況に応じて現場に何度も足を運ぶ必要があるため，異常気象時にはかなりの稼動が発生していた。また，市町村合併や行政の合理化が進み，防災担当者のカバーするべきエリアが広がる一方で，人員補充は行われず，人手不足に拍車がかかっていた。現在の行政業務の仕組み上，異常気象等の危険な状況のなか，市町村の防災担当者，県や国土交通省の担当者が同じ災害現場を見に行くこともあった。Webカメラの情報が共用できれば，複数の組織が危険のある災害現場を別々に見に行く必要はなくなる。災害危険地域におけるカメラ映像への潜在的なニーズが存在していた。

また，ライブ映像地域活用コンソーシアムでは，10373.comシステムから安定的な収益をあげることを目標に，Webカメラの映像コンテンツをもとにビジネスを展開しようとしていた。ここでは，行政とコンソーシアムの間のWin-Win関係構築が目指されていた。具体的には，行政がWebカメラの映像権をコンソーシアム側に譲渡することで，民間企業が映像コンテンツを

利用したビジネスを展開し，映像ビジネスで得られるであろう収益をシステムの初期投資に還元することで，行政側の初期投資額が減額されるという仕組みを想定していた。しかし，このモデルは，鶏が先か，卵が先かという問題に直面していた。Webカメラの設置場所が少ないため，実際に得られる映像が少ない。そのため，コンテンツビジネスを含んだ価格を策定しづらく，ビジネスモデルが考案しづらい。したがって，カメラの設置場所が増えず，ユーザの利用も増加しない。カメラの設置場所が増えなければコンテンツの増加が望めず，10373.comの映像ビジネスが頓挫しかねない。一度このモデルが回り出せば良い効果が期待できるものの，最初の一歩を踏み出すきっかけがなかなかつかめないでいることが課題の1つであった。

10373.comによる実証実験は，Webカメラの多目的利用を，行政による防災目的と一般ユーザによる観光目的という異主体間の優先度の異なるアプリケーション間で実現した点で大きな貢献がある。その一方で，異なるインセンティブ構造，組織構造を持ち，なおかつWebカメラの利用に対して異なる要求を持つ複数主体間で実際のシステム構築・運用をビジネス化するためには，コスト削減以外のメリットが必要であると言える。すなわち，Webカメラの多目的利用によるコスト削減以外の「益」を創出する仕組みの構築が「相乗り」の鍵を握ると言える。

調査設計2：異種アプリケーションの伝送路への相乗り

IPv6マルチプレフィックス技術を利用して，優先度が異なる複数の通信を同一伝送路に相乗りさせることができるかどうか，小規模なネットワークを構築して実験を行った。2008年3月31日から，NTT東西地域会社がNGN網を利用して，QoS別のサービスを開始している[5]。

図5-3 マルチプレフィックス制御システムの概要

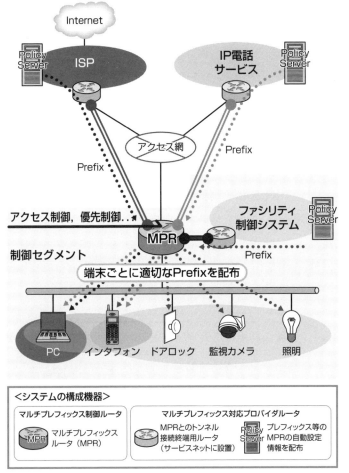

出所：慶應義塾大学國領研究室，株式会社インテック・ネットコアIPv6研究開発グループ [2006] 11月。

　本実験は，2006年11月に，優先度の異なる3種類のアプリケーションを想定し，それぞれのサービスごとにプレフィックスを割り当てて，プレフィッ

---

5) NTT東日本，ニュースリリース，2008年3月28日
　〈http://www.ntt-east.co.jp/release/0803/080328c.html〉（閲覧日：2008年4月1日）。
　NTT西日本，ニュースリリース，2008年3月38日
　〈http://www.ntt-west.co.jp/news/0803/080328a.html〉（閲覧日：2008年4月1日）。

クス制御による優先度別通信が可能かどうかを実験したものである。マルチプレフィックス制御システムの概要は**図5-3**のとおりである。

実験では、3種類の優先度のアプリケーションを利用して、マルチプレフィックス技術を利用した優先制御通信の実現可能性を検証した。実験に利用したアプリケーションと通信の優先度設定は**表5-1**のとおりである。東京都千代田区丸の内一円（丸ビル、三菱ビル、東京ビルTOKIAガレリア）で開催されたOpen Research Forum 2006[6]）のネットワーク上にVLANを設定し、マルチプレフィックス制御ルータを利用して複数セグメントを構築し、通信の優先制御実験を行った。セグメント間の通信も、マルチプレフィックス制御ルータを経由し、優先制御実験の対象となるようにした。実験では、網の混雑時を想定し、中優先度のトラヒックを増やした場合に、高優先度の通信が実現できるかどうかを検証した。

実験は、株式会社インテック・ネットコア[7]）と共同で行い、VoIP端末については、アイピートーク株式会社の協力を得て行った。

表5-1 実験に利用したアプリケーションと通信の優先度設定

優先度	実験に利用したアプリケーション	実生活で想定される利用シーン例
高	IP電話（IPv6対応のVoIP端末）	緊急通報
中	ビデオストリーミング（インターネットで流れている湘南ビーチFMのストリーミング映像を利用）	放送、動画視聴、遠隔医療、介護
低	TCP/IPによるデータ通信	Web閲覧

6）「Open Research Forum（ORF）」とは、慶應義塾大学SFC研究所が主催する研究成果の一般公開の場で、毎年一回開催される。ORFでは、研究推進のための産官学連携強化を目的に、SFC研究所で実施している研究プロジェクトを広く学外に紹介するため、各種展示やデモンストレーション、シンポジウム等が実施されている。2006年は、東京都千代田区丸の内一円（丸ビル、三菱ビル、東京ビルTOKIAガレリア）で開催された。
〈http://www.kri.sfc.keio.ac.jp/ja/orf/past_orf.html〉（閲覧日：2006年11月12日）。
〈http://www.kri.sfc.keio.ac.jp/ORF/2006/〉（閲覧日：2006年11月12日）。

7）2016年7月から、社名が「TISインテックグループ」に変更されている
〈https://www.intec.co.jp/company/history/〉（閲覧日：2017年11月19日）。

4 調査結果２：異種アプリケーションの伝送路への相乗り

　IPv6マルチプレフィックス技術による優先制御を行うことで，網の混雑時にも高優先度の通信が実現できることが確認できた。中優先度のビデオストリーミングのトラヒックを徐々に増幅させて実験用ネットワークに送り出すことで段階的に輻輳（ふくそう）状態を発生させ，高優先度の通信がどうなるかを観察したところ，ストリーミング映像が崩れるような極度の輻輳状態の時にも，高優先度のVoIPのトラヒックは影響を受けず，通話が可能であった。

　本実験内容を実際のネットワークに応用する際には，多くの課題を解決する必要がある。例えば，開放網で行う場合，優先度の設定区分をどのような基準に基づき何段階に設定するか，プレフィックス割当は誰がどのように行うか等，コンテンツ・アプリケーション，プラットフォーム，通信サービスの提供者，ルータ等の機器ベンダー間でQoS別通信のルールを整備する必要がある。また，NGN（Next Generation Network：次世代ネットワーク）のような閉域網で行う場合には，ネットワーク相互の接続ルールの整備が必要となる。しかしながら，IPv6マルチプレフィックス技術を利用することで，通信の秘密を侵すことなく一般ユーザのQoS別通信を機械的に実現できるという可能性に注目する必要があろう。ネットワークに異なる優先度の通信が相乗りすることで，受益に応じた柔軟な課金を行うことが可能になり，通信サービス提供者の収益構造が改善される効用が期待できる。また，過疎地域等の条件不利地域の多くは，地上デジタル放送開始後の難視聴対策が必要であり，その有力候補の１つとしてブロードバンド通信環境を利用したテレビ放送の再送信が注目されている。通信路を利用したテレビ放送の再送信を具体化させる際に，アプリケーション特性に応じた優先度別通信の考え方を応用すれば，同一の基盤に通信と放送が相乗りすることが可能になろう。これにより，鉄塔等を整備して個別にテレビ放送用のネットワークを構築するよりも安価に難視聴対策ができる可能性が出現する。

第6章

調査設計と調査結果
RQ3：通信料金への優先度概念導入効果の検証

RQ3：どうやると異種アプリケーションの同一基盤への相乗りが進むのか。

調査設計：通信料金への優先度概念導入効果の検証

　本節では，異種アプリケーションの同一基盤への相乗りを促進するための優先度概念の有効性について考察する。

　はじめに，優先度概念を利用して異種アプリケーションが同一基盤に相乗りするための料金設計方法を提案する。優先度概念に着目したのは，従来の使用量や帯域専有率を料金算定基準とする従量料金制や，使用量によらず一定の金額を課す定額料金制のいずれでもない新たな料金体系により，設備に相乗りする主体の受益に応じたファイナンスモデルについて考察するためである。優先度概念を取り入れた料金表を提案したうえで，サプライサイドのコスト回収とユーザによる価値創造の両立という観点から，参加型ネットワークの投資回収における優先度概念の有効性を検証する。

　具体的には，第1章で優先度概念を「ある帯域を必要性が発生したある時点で優先的に取り扱うことを要求する定義」として定義したことに基づき，本節の（2）で通信の優先的取扱権をコストシェアの基準とする料金体系案を提示する。次に，（3）で異種アプリケーション相乗り基盤の運用体制に関する検討を行い，最後に，（4）で藤沢市におけるWiMAX展開計画の概算事業計画を基礎データとした収支試算を行う。藤沢市におけるWiMAX展開計画のデータを使用する理由は次の2つである。1つ目が，地方都市で有限の帯域を多数のユーザでシェアする場合を想定した収支試算を行うことである。2つ目が，過去の投資の影響を受けない新規投資のデータを利用できることである。固定資産の占める割合が多い通信事業者の財務諸表には，過去の投資の影響を受ける減価償却費等の勘定科目で相当額が計上されている。ここから特定の新規投資にかかる部分だけを分計することは困難である。そ

のため，新規事業計画が公開可能な形で入手できるものを利用した。

収支試算結果は，サプライサイドのコスト回収とユーザによる価値創造の両立という観点から，優先度概念を利用した異種アプリケーションの相乗りを行うことで，①一般ユーザの情報受発信インセンディブを阻害しないよう，通信環境を安価に提供できるか，②この際，サプライサイドの投資回収は実現するかという2点に着目して行う。

(1) 通信の優先的取扱権の定義

本書では，通信の優先度概念を，通信の優先的取扱権の強弱として位置づけた。通信の優先的取扱権とは，「ある帯域を必要性が発生したある時点で優先的に取り扱うことを要求する権利」のことを指す。これは，「ベストエフォートでそこそこ実現される優先的取扱い」という位置づけであり，伝送路や帯域の専有を保証しようとするものではない。異種アプリケーションが同一基盤に相乗りした場合，帯域利用ニーズに応じた通信基盤整備・維持コストのシェア基準となるのが通信の優先的取扱権である。

優先度概念の有効性を検証するための収支試算に先立ち，異種アプリケーションが利用する通信の優先的取扱権を次の3段階に分類した（図6-1参照）。1つ目が，優先的取扱権が強い通信である。これは，網の混雑時にも通信の到達性と安定性が強く求められる通信と位置づけられる。2つ目が，優先的取扱権が中程度の通信である。これは，網の混雑時にも，ある程度の通信の到達性と安定性が求められる通信と位置づけられる。3つ目が，優先的取扱権が弱い通信である。これは，常に一定の到達性と安定性が確保されていなくても，つながりさえすればよい通信であると位置づけられる。

収支試算では，優先度概念の導入による効果検証と，アプリケーションの利用目的（社会的・私的）が異なるアプリケーションが相乗りした場合の効果検証（2つ目の「異」の分類基準を優先度という1つの概念に統合して同一基盤に相乗りさせることの効果）を検証する（図6-1参照）。

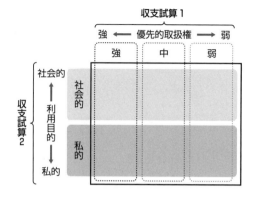

図6-1　2パターンの収支試算

通信の優先的取扱権の利用方法として，平時と非常時で優先・劣後の取扱権を組み合わせることを提案する。これにより，必要になった時に「在ることに価値があるサービス」を提供することで，帯域の効率的な利用が可能になる。**図6-2**の左側が，アプリケーションごとに個別のネットワークが構築されている現状である。これらのアプリケーションは，個別に構築されたネットワークの帯域すべてを常時使っているわけではない。例えば，防災無線は異常気象時等，非常時の利用を想定しており，平時に流れるトラヒックはほとんどない。**図6-2**の中央，右側の図のように，様々なアプリケーションの相乗りが可能になれば，帯域の有効利用が可能になる。

この背景には，技術進歩によって同一機器や同一回線上で帯域利用ニーズの異なる複数のサービスを提供することが容易になったことがある。10373.comでは，1台のネットワークカメラに複数のアドレスを振り，災害監視用（高解像度，セキュリティ強），観光利用（低解像度，セキュリティ弱），の多目的利用を実現した。また，Open Research Forum 2006で実施したIPv6マルチプレフィックス制御技術を用いた通信の優先制御実験では，パケットのヘッダー部分に優先キュー[1]を識別する情報を入れることで，通信の秘密を侵すことなく優先度別通信を行うことが可能なことがわかった。

1）パケットの転送順序を決める識別子。

図6-2 優先的取扱権の利用方法

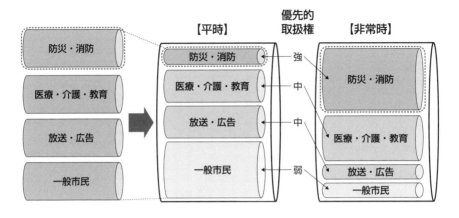

ここでのポイントは，通信基盤構築・維持コストのシェアを考える基準が，通信設備の使用時間や使用量ではなく，通信の優先的取扱権であること，さらに，それが平時のみならず大災害発生時等の非常時を含めた将来的な利用の必要性が発生した時点を含むものであることである。トラヒックの発生時期（平時・非常時）に合わせて，優先的取扱を受けられる帯域を変動させることで，有限の帯域を多人数で満足度高く使うことが可能になる。

通信の優先的取扱権によるコストシェアは，セル・リレー（NTTコミュニケーションズが提供する企業向けデータ通信サービス）のサービス内容とコストシェア方法を，一般向けサービスの同一回線統合提供（同一基盤を利用した異種アプリケーションの相乗り）に応用する問題として捉えることもできる。セル・リレー・サービスでは，通信の優先度に応じて複数のサービスカテゴリーが設定されており，通信特性の異なるトラヒックを同一回線に統合して提供することにより，通信路の効率的利用とコスト削減を実現している。

企業向けデータ通信では，各社の業務形態と通信利用実態から，どの程度の帯域保証が必要かという予測が立てやすいため，「帯域保証」と「網に余

裕がある場合に伝送可能」という2つの状態の組み合わせでサービスカテゴリーを設定すれば十分に機能する。しかし，一般向けのサービスでは，次にあげる2つの要因により，帯域保証を行うことに莫大なコストがかかることが予想される。第一に，一般向けのサービスでは，帯域保証が必要な通信に対する需要のぶれが大きいことが予想されるため，セル・リレーで採用されているサービスカテゴリーでは機能しない可能性がある。また，災害情報等，確実に伝送したい重要通信が定期的に一定量発生する可能性も低い。災害発生時等の非常時にはバースト・トラヒックにも対応する必要がある。第二に，企業向けデータ通信サービスでは，発信元と送信先が固定された環境でサービスを提供するが，一般のインターネットは発信元と送信先が一定ではないことである。オープン・アクセスなネットワークで帯域保証を行うコストは高いことが予想される。したがって，帯域保証ではなく，ベストエフォートの通信の優先的取扱権という概念を取り入れることを提案したい。

第2章で述べたディズニーランドでのアトラクションの混雑回避策として導入されている「ディズニー・ファストパス」を見ると[2]，ディズニーランド（サプライサイド）には，需要の分散というメリットが，来園者（ユーザサイド）には，待ち時間の短縮というメリットが生じる。ベストエフォートの優先的取扱権という視点から，ディズニー・ファストパスを見ると，待ち時間の短縮をベストエフォートで提供するかわりに，ファストパスを無料で発行する点に注目すべきである。そこそこの優先的取扱権を無料で提供することが，サプライサイド，ユーザサイドの双方に価値を生んでいると言える。

---

[2] ディズニー・ファストパスは，ディズニーランドで導入されている。これは，優先的なアトラクション利用をベストエフォートで提供する仕組みである。来園者は，入園時に購入した「パスポート」と呼ばれるチケットを，アトラクションの前にあるファストパス発券機に差し込むことで，指定時間の刻印されたファストパス・チケットを受け取る。ファストパス・チケットを受け取った来園者は，チケットに刻印された時間までにアトラクションの入場口に現れれば，優先的にファストパス・チケット用の待ち行列に並ぶことができ，普通の待ち行列に並ぶよりも短い待ち時間でアトラクションを楽しむことができる。

(2) 通信の優先的取扱権をコストシェア基準とする料金体系案

通信の優先的取扱要求権をコストシェア基準とする料金体系のポイントは，非常時の優先的取扱権の強い通信が，専有可能な帯域に応じた初期投資負担を行い，平時の通信が優先的取扱権の強弱を加味した運営費負担を行うことである。概案を**表6-1**に示す。

表6-1　通信の優先的取扱権をコストシェア基準とする料金（案）（料金表1）

	相乗り主体	利用目的	通信の優先的取扱権	最大専有可能帯域	料金 初期投資	料金 運営費
非常時（災害時）	行政機関（消防・防災含む）	社会的	強	70%	70%	−
	医療機関		強	15%	15%	−
	介護施設		強	5%	5%	−
	一般市民	私的	弱	10%	−	−
平時	消防機関	社会的	強	1%	−	定額：高 優先的取扱が受けられる帯域に応じて運営費を負担
	医療機関		中	15%	−	定額：中 優先的取扱が受けられる帯域に応じて運営費を負担
	介護施設		中	15%	−	
	教育機関		中	10%	−	
	企業（広告利用等）	私的	中	10%	−	
	一般市民		弱	49%	−	定額：低

表6-1について，非常時から説明をしていく。

非常時に通信の優先的取扱権が強いサービスが，専有可能な最大帯域に応じて初期投資を負担する。例えば，大災害発生時などの非常時に，消防・防災等，行政機関の業務遂行に必要な通信が，全回線容量の70%まで高優先度で取り扱われると仮定する。この場合，行政機関が通信基盤の初期投資の70%を負担する。医療機関や介護施設も同様の考え方で初期投資を負担する。

残りの帯域は，携帯電話，公衆電話等の代替通信手段があることを勘案し，わずかな帯域でも一般市民が無料で利用可能な状態にしておく。大災害発生等，非常時の発生確率は低いことが予想されるが，防災無線の整備，優先電話の設置等，非常時の利用を想定した一定程度の備えは公共性の高い機関で実施されている。これらの備えは，利用目的，利用機関ごとに個別に実施されており，なおかつ整備費用が高額である。発生確率が低いことが想定される状況で，非常時の備えが必要な場合には，必要になった際に「在ることに価値があるサービス」を効率的に整備・維持する意義がある。この際，優先度概念を利用した異種アプリケーションの相乗りが有効な手段になり得る。

平時は，優先的取扱権の強弱を勘案し，優先的取扱権の強度ごとに専有可能な最大帯域に応じて運営費を負担する。運営費は優先的取扱権の強度ごとの定額料金制を提案したい。例えば，緊急通報（119番通報）について，平時の全回線容量の1％までが高優先度で取り扱われると仮定する。必要性・必需性の高いアプリケーションが利用する通信は，価格弾力性が小さいことが想定される。そのため，高優先度の通信を利用する消防機関が運営費を多めに負担する。消防本部等が住民からの119番通報を受信して，最寄りの消防署に出動命令を出すために，119番通報システムが構築・運営されている。緊急通報用のシステムが地域の通信基盤に相乗りした場合に，通信を優先的に取り扱うかわりに，運営費を高めに負担してもらおうという案である。藤沢市のここ数年の消防費[3]は，2007年度が45億3,430万円，2006年度が48億7,961万円，2005年度が50億2,161万円，2004年度が46億7,436万円である。また，2014年の運用開始に向けて，消防救急無線のデジタル化および広域化に向けた検討・整備が進められる予定であり[4]，多額の整備費用が発生する[5]。

---

3) 藤沢市ホームページ〈http://www.city.fujisawa.kanagawa.jp/zaisei/page100071.shtml〉（閲覧日：2008年9月30日）
　（消防・救急活動に関する経費総額であり，119番通報システムの維持費用以外のものも含まれる）。
4) 藤沢市議会議事録，平成19年9月定例会，9月18日04号，177ページ。
5) 藤沢市議会議事録，平成19年9月定例会，9月18日04号，177ページによると，神奈川県全域での整備費用は総額98億1,000万円であり，整備費は市町村間で按分される予定である。

異種アプリケーションの相乗りにより，消防・防災目的の通信基盤整備・維持費用が安くなれば，行政機関にとって相乗りに参加するインセンティブが発生する。

　また，遠隔介護，遠隔医療，教育，営利目的の企業活動（デジタルサイネージ等）では，網がある程度混雑している場合でも映像や音声が途切れることがないよう，一定程度の通信品質が求められることが想定される。これらのサービスについては，優先的取扱権を中程度とし，網の混雑時にもそこそこの通信品質で使える帯域を契約するものの，網が空いているときには契約帯域を超えて利用できるようにすることを提案したい。この場合，網の混雑時にも中程度の優先的取扱を受けられる帯域に応じ，各主体に運営費を負担してもらう。優先的取扱権の契約帯域を超える分については，通信ネットワークの混雑状況によって通信品質が左右されるが，追加的な料金は徴収しない。

　一般市民の利用分については，優先的取扱権が強い通信と中程度の通信の空き帯域を利用して，優先的取扱権が弱い通信を安価に提供することを提案したい。我が国におけるインターネットの利用に関して，約10%のヘビーユーザが8～9割のトラヒックを発生させているというデータがある[6]。一般市民の最低限の通信を安価に提供する一方で，これらのヘビーユーザが高速広帯域で快適な通信環境を求める場合には，優先的取扱権の強い通信を提供し，利用料収入をネットワークの運営費にあてることも考えられる。

　以上をまとめると，次のようになる。優先的取扱権が強い通信は，網の混雑時にも通信を最優先で扱うことで，通信の到達性と安定性を確保する。優先的取扱権が中程度の通信は，網の混雑時にも映像や音声が途切れない程度のそこそこの通信品質を実現する。優先的取扱権によって初期投資・運営費の負担を行うことで，優先的取扱権が弱い通信は，通信品質をまったく保証しないかわりに優先的取扱権が強・中程度の通信が流れていない時の空き帯域を安価に利用できる状態を想定している。

---

6) 総務省［2007a］，71ページ。

(3) 異種アプリケーション相乗り基盤の運用体制

　本項では，収支試算の前提として，異種アプリケーション相乗り基盤の運用体制について考察する。具体的には，事業運営主体と課金方法の2点について次のような提案を行う。

　異種アプリケーション相乗り基盤の事業運営主体については，通信事業者を含む潜在的な相乗り主体を排除してしまう可能性を低くするため，キャリア・ニュートラル（特定の通信キャリアによらない）運用体制を提案したい。LLP（Limited Liability Partnership：有限責任事業組合）[7]等の手法を用いて，有限責任（出資の範囲内の責任）で，利益や権限の配分は出資額によらず自由に取り決められる余地がある仕組みで事業を行うことにより，資金・ノウハウ等で多様性のある主体の参入機会創出が期待できる。次の（4）で行う収支試算では，**表6-1**の相乗り主体がLLPの構成員（出資者）となることを想定している。相乗り基盤の運用によって，利益が上がれば，料金の値下げという形で配当を行うことが可能になる。

　このモデルでは，競争的なサービス提供を前提としている。需要が集中し，帯域の希少性が極めて高くなる非常時に，高優先度の通信に対するプレミアムをつけることで値崩れを防止し，ユーザの価格感応度を考慮した多様なサービスの競争的な提供と，ユーザの自律的なサービス選択機会の拡大を両立させることを指向している。

　課金については，**表6-1**の相乗り主体ごとに行うことを提案したい。なぜならば，通信事業においては，不特定多数への課金コストが極めて高額になるためである。具体的には，**図6-3**に示したように，医療機関，介護施設，教育機関，企業等の相乗り主体が，利用する帯域・通信の優先的取扱権によって料金（初期投資ないしは運営費として）を支払い，帯域の利用権を得る。これを遠隔介護等のサービスとして販売する際に，帯域の仕入れ相当額を含むサービス利用料を利用者から徴収する[8]。例えば，病院へ来院した患者（一

---

7) 経済産業省ホームページ参照〈http://www.meti.go.jp/policy/economic_oganization/llp_seido.html〉（閲覧日：2008年10月1日）。

8) 帯域を仕入れたうえでサービス化して販売する以外にも，遠隔画像診断等，医療機関が自ら利用するために帯域を購入するケース等が存在すると考えられる。

般市民）が施設内でWeb閲覧・遠隔介護・動画視聴等のサービスを利用する場合が想定される。この時，ユーザは，各サービス提供主体に利用料を支払うという仕組みである。異種アプリケーションを利用した多様なサービス提供をサポートする汎用的なデバイスが存在すると想定し，ユーザがどのサービス提供主体のアプリケーションを利用するかということは，ゲートウェイ相当の装置で，ユーザに最も近いところで識別することを提案したい[9]。

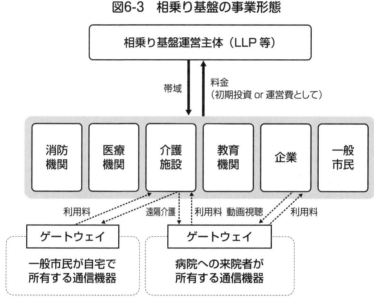

図6-3　相乗り基盤の事業形態

（4）藤沢市におけるWiMAX展開計画に基づく試算

（2）で示した料金（案）（表6-1）をもとに，藤沢市におけるWiMAX展開計画の投資・回収に関する試算を行った。試算は，優先度概念の導入効果を検証するものと，利用目的の異なるアプリケーション（社会的・私的）が

---

[9] インターネット政策懇談会のワーキンググループでは，IPv6とNGNとの相互接続方式に関する議論が行われ，ホームゲートウェイで接続先を識別する案があがっている。
総務省［2008c］，11ページ参照。

相乗りした場合の影響を検証するものの2種類を行った。

優先度概念の導入効果検証は，**表6-1**に示した料金表1をもとに，**表6-2**に示した3パターンで行った。

パターン1，パターン2とも非常時に通信の優先的取扱を行い，初期投資は非常時に高優先度通信を利用する相乗り主体が負担する。パターン1とパターン2との比較で，運営費負担に関する優先度の影響を観察した。具体的には，次のように優先度の扱いを変えて，運営費負担額を決め，収支への影響を試算した。パターン1では，平時に相乗り主体ごとに想定した優先度で専有可能帯域までの優先的取扱を行い，優先度別に価格弾力性を加味して運営費の負担額を決めた。パターン2では，平時の優先的取扱を行わず，相乗り主体ごとに専有可能な帯域に応じて運営費の負担額を決めた。この際，相乗り主体ごとに専有可能な帯域は，パターン1の優先度を加味した場合と同じとした。パターン1とパターン2の比較で，運営費の負担に関し，専有可能帯域に対する優先度を加味した場合と，加味しない場合の効果を検証することができる。パターン3では，パターン1，パターン2と比較するため，優先的取扱権を持つ相乗り主体がまったく存在しない場合，すなわち一般市民だけで初期投資と運営費を負担する場合の収支を試算した。

表6-2 収支試算1：優先度概念の導入効果検証

	非常時	初期投資	平時	運営費
パターン1 【優先度】	優先的 取扱権：有	優先度別に 負担	優先的 取扱権：有	優先度別に 負担
パターン2 【利用量】	優先的 取扱権：有	優先度別に 負担	優先的 取扱権：無	利用可能量（帯域） に応じて負担
パターン3 【一般市民のみ】	優先的 取扱権：無	一般市民が 負担	優先的 取扱権：無	一般市民が負担

私的な重要性・必要性から通信の優先的取扱権が強いアプリケーションが相乗りする場合の効果検証は，**表6-3**に示した料金表2をもとに，**表6-4**に示

した2パターンで行った．具体的には，非常時に私的な重要性・必要性から優先的取扱権が強い通信が相乗りする場合としない場合を比較し，収支を試算した．

表6-1と表6-3に示した料金表の相違点は，非常時に私的な重要性・必要性から通信の優先的取扱権が強いアプリケーションが相乗りするか否かである．本書では，私的な重要性・必要性から優先的取扱権が強い通信を「わがまま通信」と呼ぶ．表6-1に示した料金表には，非常時に「わがまま通信」が存在しないが，表6-3に示した料金表には存在する．「わがまま通信」を利用するアプリケーションの例として，大災害発生時の在宅ペット安否確認があげられる．この利用料は，生命保険料や医療保険料のように，非常時に備えて

表6-3 料金表2：非常時に優先的取扱権が強い私的な通信が相乗りする場合

	相乗り主体	利用目的	通信の優先的取扱権	最大専有可能帯域	料金	
					初期投資	運営費
非常時（災害時）	行政機関（消防・防災含む）	社会的	強	70%	70%	―
	医療機関		強	15%	15%	―
	介護施設		強	5%	5%	―
	一般市民	私的	強	1%	1%	―
			弱	9%	―	―
平時	消防機関	社会的	強	1%	―	定額：高 優先的取扱が受けられる帯域に応じて運営費を負担
	医療機関		中	15%	―	定額：中 優先的取扱が受けられる帯域に応じて運営費を負担
	介護施設		中	15%	―	
	教育機関		中	10%	―	
	企業（広告利用等）	私的	中	10%	―	
	一般市民		弱	49%	―	定額：低

平時から月額ないしは年額で回収する等の具体案が考えられる。利用者が殺到し，帯域の希少性が高まる非常時に，「わがまま通信」をわずかな分量だけ許容することで，社会的な重要性・必要性の高いサービスの整備・維持費用にどのような影響が生じるかを検証するのがこの収支試算の目的である。

表6-4　収支試算２：利用目的（社会的・私的）の違いによる収支への影響検証

パターンa	非常時にわがまま通信：有
パターンb	非常時にわがまま通信：無

注：パターンbの試算結果は，**表6-1**に示した料金表をもとに，**表6-2**に示した3パターンで行った収支試算のうち，優先度を加味したパターン1と同じである。

　試算は，藤沢市の総世帯数の６割が一般ユーザとして加入したと仮定して行った。具体的には，平成17年度国勢調査の藤沢市の総世帯数161,232世帯の６割である96,739世帯が加入したと仮定した。藤沢市の人口，世帯数，消防署数，公立小中学校数，救急統計等の参考情報は，第7章の参考資料2に記載した。なお，実際のネットワークは，アクセス系ネットワークと中継系ネットワークで構成されるが，試算は，モデルを簡素化する目的で，アクセス系ネットワークのみを対象に行った。

　一基地局あたりの初期投資額は，物品費と建設費に分けられる。物品費は，合計900万円と仮定した。その内訳は，WiMAX基地局物品として500万円，収容函等，その他の物品として400万円である。建設費は，取付費として1,200万円である[10]。

　一基地局当たりの運営費は，863万円である。その内訳は，運用費として743万円，保守費として120万円である。

　これをもとに，最大展開予定数である41基地局設置の場合の初期投資額および運営費を計算したものを**表6-5**に示した。なお，減価償却費は定額法で

---

[10] 三次［2008］12月20日。

償却期間は9年，販売管理費は運営費総額の10%が上乗せされるものと仮定して計算した。試算期間は，2008年度税制改正前のデジタル交換機，ルータ，サーバ等の電気通信設備の法定耐用年数である6年とした。

表6-5　41基地局設置の場合の投資額（推計）

(千円)

年度	1	2	3	4	5	6	合計
創設費							
物品費	369,000	0	0	0	0	0	369,000
取付費	492,000	0	0	0	0	0	492,000
小計	861,000	0	0	0	0	0	861,000
運営費							
運営費	353,830	353,830	353,830	353,830	353,830	353,830	1,769,150
減価償却費	96,432	96,432	96,432	96,432	96,432	96,432	578,592
販管費	35,383	35,383	35,383	35,383	35,383	35,383	212,298
小計	485,645	485,645	485,645	485,645	485,645	485,645	2,913,870
合計	1,346,645	485,645	485,645	485,645	485,645	485,645	3,774,870

①優先度概念導入による効果検証
【パターン1：非常時・平時の優先的取扱権別課金の場合】

価格弾力性を利用し，通信の優先的取扱権を価格に反映したうえで，収支試算を行う。価格弾力性とは，需要量の変化率を価格の変化率で除して算出される値で，1より大きい場合は，価格の変化に対する需要量の変化が大きく，1より小さい場合はその逆を意味する。

価格弾力性は，公益事業分野におけるコスト配賦方法やビジネス分野における価格決定要因として議論されてきた。公益事業分野における価格弾力性はラムゼー価格として知られている。各需要が独立である場合，収支均衡を制約条件として，財やサービスの価格を限界費用から需要の価格弾力性に応じて乖離させるものである。ラムゼー価格は，必需財に高い値段を設定する

ため，社会的公正の観点から問題があることが指摘されている[11]。また，限界費用や価格弾力性を正確に把握することが難しいことから，現実的な採用は困難であることが指摘されている[12]。一方，ビジネス分野では，実際の企業活動に価格弾力性が取り入れられている。伊藤［2004］は，いくつかの例とともに価格弾力性について次の2点を指摘している[13]。1つ目が，需要の価格弾力性と価格の付け方についてである。価格弾力性が大きい商品は，値下げをして販売数量を増やす薄利多売を指向する一方で，価格弾力性が小さい商品は，高めの価格設定でマージンを高くし，少ない販売量でも利益率を確保することが指向されている。2つ目が，価格弾力性と企業の収益向上についてである。企業の利益率を高めるためには，自社の製品やサービスの価格弾力性を小さくすることが重要になる。例えば，価格弾力性の大きい製品やサービスを販売していると，価格競争に巻き込まれ，収益率が悪化する。そのため，企業の利益率を高めるために製品の差別化を行い，価格弾力性を小さくすることが指向される。また，商品の流通チャネルに関与すること（ヤクルトの販売員等）も価格弾力性を小さくする企業努力の一例として挙げられている。

収支試算では，通信の優先的取扱権の強弱を価格に反映させるために，価格弾力性の考え方を応用した。すなわち，社会的・私的な重要性や必要性が高いアプリケーションは価格弾力性が小さく，価格が上がっても需要量が大きく変化しないと仮定した。これらのアプリケーションを利用・提供する主体に初期投資・運営費を多めに負担してもらうという設計思想に基づき，通信の優先的取扱を受けられる帯域に価格弾力性の逆数を乗じることで初期投資・運営費の負担額を算定した。ここでは，価格弾力性の逆数を，「価格弾力性係数」と呼ぶこととする。これは，需要の価格弾力性を，優先的取扱権

---

[11] 奥野ほか編著［1993］，256-257ページ。
[12] 植草［2000］，111-112ページ。
[13] 伊藤［2004］，20-26ページ。

の異なる複数のアプリケーションが相乗りする通信基盤の料金を設計するために用いるものである。従来の公益事業論における収支均衡を制約条件に経済的厚生の最大化を目的とした需要家へのコスト配賦方法でもなく，ビジネス分野で議論されている収益最大化を目的とした価格戦略や企業戦略でもない。どのような主体が通信事業を行うにしろ，収益最大化は最終的な目的となる。しかし，それ以前に，莫大な固定費がかかる事業において，いかに初期投資を行い，サービスを維持していくかを考えなくてはならない。相乗り主体が利用・提供するアプリケーションの優先的取扱ニーズを，価格弾力性を利用して料金に反映させ，その効果を検証する。

　価格弾力性は，社会的・私的な利用目的を持ったアプリケーションの重要性・必要性の高さを勘案し，相乗り主体ごとに，**表6-6**のように仮定した。消防機関（緊急通報），医療機関，介護施設，教育機関，地域の商店街や企業等が営利目的で利用する通信サービスは，公共性や地域への密着度が高いことから，価格弾力性は1よりも小さい値になると想定し，次に述べる考え方に基づき0.1刻みの数字を仮定した。まず，生命維持に関わる緊急度が高い通信を利用するものほど価格弾力性が小さくなると仮定した。そのため，緊急通報は，発生確率は低いものの，発生時の必要性と通信の社会的な重要性を鑑み，最も小さい値の0.1とした。次に，医療機関は，生死に関わる緊急の通信利用ではないものの，手術中の病理組織診断，画像診断等の遠隔医療利用を想定し，0.1よりも少し大きい値で0.3と仮定した。この場合，より安いサービスが出現した場合に，そちらへ移行するケースがある。次に，介護施設での利用は，医療機関に比べて緊急度は低いと想定し，価格弾力性を0.4と仮定した。遠隔医療機器と通信環境がセットで整備される医療機関に比べ，介護施設におけるスイッチングコストは低いことが想定される。そのため，より安いサービスが出現すれば，医療機関よりも容易に安いサービスへ移行することが予想される。次に，教育機関，地域の商店街や企業等の営利目的利用（電子媒体での広告配布やデジタルサイネージ等）の価格弾力性は，0と1の中間の0.5と仮定した。

表6-6　収支試算に利用した相乗り主体ごとの価格弾力性

需要の価格弾力性	想定値	優先的取扱権
消防機関（緊急通報）	0.1	強
医療機関	0.3	中
介護施設	0.4	中
教育機関	0.5	中
商業利用目的（広告利用）	0.5	中

　価格弾力性の想定値をコストシェア基準として利用するにあたり，価格弾力性の逆数を「価格弾力性係数」として利用した（**表6-7**）。価格弾力性が小さいほど，価格の変化に対して需要量が変化しづらい傾向にあることから，価格弾力性が小さい通信ほど運営費を多めに負担してもらおうという発想である。

表6-7　価格弾力性の想定値と価格弾力性係数

需要の価格弾力性	想定値	価格弾力性係数	優先的取扱権
消防機関（緊急通報）	0.1	10	強
医療機関	0.3	3.3	中
介護施設	0.4	2.5	中
教育機関	0.5	2	中
商業利用目的（広告利用）	0.5	2	中

運営費の負担額は次式により算出した。

（運営費の負担額）＝（運営費の総額）×（ネットワークの全帯域に対して優先的取扱を受けられる帯域が占める割合）×（価格弾力性係数）

初期投資，運営費の負担額は次のようになる。

(初期投資負担額)＝(初期投資額)×(非常時の優先的取扱帯域割合)

(円)

非常時の優先的取扱権「強」の通信		優先的取扱帯域の割合	初期投資負担額
	行政機関(含:消防・防災)	70%	602,700,000
	医療機関	15%	129,150,000
	介護施設	5%	43,050,000
	合計	90%	774,900,000

(運営費の負担額:1)＝(運営費総額)×(平時の優先的取扱帯域割合)×(価格弾力性係数)

(円)

平時の優先的取扱権「強」・「中」の通信		①優先的取扱帯域の割合	②(運営費総額)×①	③価格弾力性係数	④運営費負担額 ②×③
	消防機関:強	1%	4,856,450	10	48,564,500
	医療機関:中	15%	72,846,750	3.3	240,394,275
	介護施設:中	15%	72,846,750	2.5	182,116,875
	教育機関:中	10%	48,564,500	2	97,129,000
	企業(広告利用等):中	10%	48,564,500	2	97,129,000
	合計	51%	247,678,950	―	665,333,650

(運営費の負担額:2)＝(基本料)×(加入世帯数)

(円)

平時の優先的取扱権「弱」の通信	基本料	加入世帯数	運営費負担額
一般市民:弱	500	96,739	48,369,600

(円)

平時の優先的取扱権別運営費負担額	
強	48,564,500
中	616,769,150
弱	48,369,600
合計	713,703,250

この場合の収支予測は**表6-8**，収支予測グラフは**図6-4**のようになる。1年目のかなり早い段階で収入合計額が費用合計額を超えることがわかる。事業開始から6年が経過した後の累積黒字額は1,282,250千円である。一般市民の平時の利用料を無料とした場合でも，事業開始後6年目の累積黒字額は992,032千円となり，十分に投資が回収できる。

表6-8　パターン1の収支予測

(千円)

年度	初期投資	1	2	3	4	5	6	合計
費用合計	861,000	485,645	485,645	485,645	485,645	485,645	485,645	3,774,870
収入合計	774,900	713,703	713,703	713,703	713,703	713,703	713,703	5,057,120
(収入)-(費用)	-86,100	228,058	228,058	228,058	228,058	228,058	228,058	1,282,250

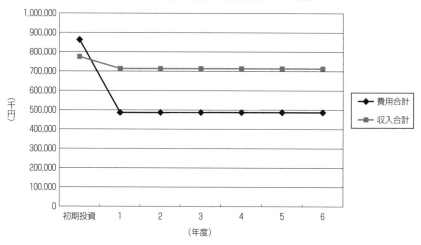

図6-4　パターン1の収支予想グラフ

【パターン2：非常時の優先的取扱権別課金＋平時の専有可能帯域比例課金の場合】

　パターン1と比較し，運営費の負担方法に関する優先度概念の影響を観察

するため，運営費に関して，パターン1で平時の優先的取扱権を「強」・「中」とした通信について，専有可能帯域をコストシェア基準とする試算を行った。初期投資の負担方法については，パターン1と同じく，非常時に優先的取扱を受けられる帯域割合で負担するようにした。

初期投資，運営費の負担額は次のようになる。

(初期投資負担額)＝(初期投資額)×(非常時の優先的取扱帯域割合)

(円)

非常時の優先的取扱権「強」の通信	優先的取扱帯域の割合	初期投資負担額
行政機関(含：消防・防災)	70%	602,700,000
医療機関	15%	129,150,000
介護施設	5%	43,050,000
合計	90%	774,900,000

(運営費の負担額：1)＝(運営費総額)×(平時の専有可能帯域割合)

(円)

パターン1での平時の優先的取扱権「強」・「中」の通信	専有可能帯域の割合	運営費負担額
消防機関	1%	4,856,450
医療機関	15%	72,846,750
介護施設	15%	72,846,750
教育機関	10%	48,564,500
企業（広告利用等）	10%	48,564,500
合計	51%	247,678,950

(運営費の負担額：2)＝(基本料)×(加入世帯数)

(円)

平時の優先的取扱権「弱」の通信	基本料	加入世帯数	運営費負担額
一般市民：弱	500	96,739	48,369,600

	(円)
平時の相乗り主体別運営費負担額	
消防機関	4,856,450
医療機関	72,846,750
介護施設	72,846,750
教育機関	48,564,500
企業（広告利用等）	48,564,500
一般市民	48,369,600
合計	296,048,550

　この場合の収支予測は表6-9のように，収支予想グラフは図6-5ようになり，投資回収が困難なことがわかる。事業開始から6年が経過した後の累積赤字額は1,223,679千円である。

　パターン2で，一般市民の利用料を月額500円の6倍の額（月額3,000円）にして試算すると，収支予測は表6-10のように，収支予想グラフは図6-6のようになり，事業開始1年目からわずかに黒字が出始め，事業開始後6年目の累積黒字額が227,409千円となる。また，パターン1と比較をすると，平時の優先的取扱権を加味した場合と加味しない場合で，運営費負担額としての通信料収入が417,655千円異なった。この時，パターン1における優先的取扱権「強」の相乗り主体からの通信料は43,708千円の減収となり，優先的取扱権「中」の相乗り主体からの通信料は373,947千円の減収となっていた。これらのことから，平時の優先的取扱権が中程度の通信が収支に大きな影響をもたらしていることがわかる。

表6-9　パターン２の収支予測

（千円）

年度	初期投資	1	2	3	4	5	6	合計
費用合計	861,000	485,645	485,645	485,645	485,645	485,645	485,645	3,774,870
収入合計	774,900	296,049	296,049	296,049	296,049	296,049	296,049	2,551,191
（収入）−（費用）	−86,100	−189,596	−189,596	−189,596	−189,596	−189,596	−189,596	−1,223,679

図6-5　パターン2の収支予想グラフ

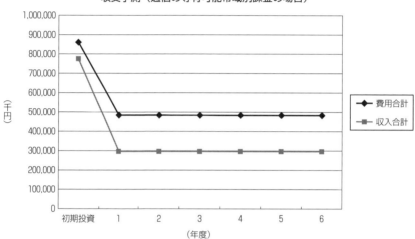

表6-10　パターン２の収支予測（一般市民の利用料：月額3,000円の場合）

（千円）

年度	初期投資	1	2	3	4	5	6	合計
費用合計	861,000	485,645	485,645	485,645	485,645	485,645	485,645	3,774,870
収入合計	774,900	537,897	537,897	537,897	537,897	537,897	537,897	4,002,279
（収入）−（費用）	−86,100	52,252	52,252	52,252	52,252	52,252	52,252	227,409

図6-6 パターン2の収支予想グラフ

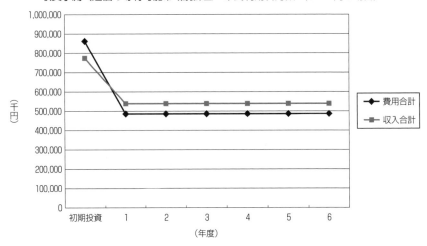

収支予測（通信の専有可能帯域別課金・市民利用料月額3,000円の場合）

【パターン3：一般市民のみ場合】

パターン1，パターン2と比較するため，平時の一般市民の利用のみで投資回収する場合の試算を行った。

変動費，固定費の比率が不明なことから，厳密な分析はできないが，一般市民の月額利用料を6,600円とした場合の収支予測は**表6-11**のようになり，収支予想グラフは**図6-7**のようになる。**表6-11**から，事業開始後6年目に56,002千円と，わずかに累積黒字が出ることがわかる。月額利用料を100円値下げして，6,500円として試算すると，事業開始後6年目に2,041千円の累積赤字となる。

表6-11 パターン3の収支予測（一般市民の利用料：月額6,600円の場合）

(千円)

年度	初期投資	1	2	3	4	5	6	合計
費用合計	861,000	485,645	485,645	485,645	485,645	485,645	485,645	3,774,870
収入合計	0	638,479	638,479	638,479	638,479	638,479	638,479	3,830,872
（収入）－（費用）	－861,000	152,834	152,834	152,834	152,834	152,834	152,834	56,002

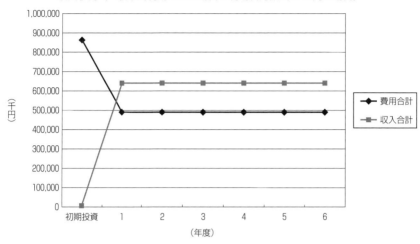

図6-7　パターン3の収支予想グラフ

②非常時に「わがまま通信」が相乗りすることによる効果検証

　ここでは，私的な重要性・必要性から優先的取扱権が強いアプリケーションが利用する「わがまま通信」が非常時に相乗りする場合としない場合の効果を比較する。

　パターンaとして，非常時に私的な重要性・必要性が高い「わがまま通信」が相乗りした場合を想定した試算を行う。具体的には，大災害発生時に在宅ペットの安否確認を遠隔で行うアプリケーションに強い必要性や重要性を感じる個人ユーザが，非常時遠隔ペット見守りサービスを利用する場合を仮定し，非常時に1％の帯域を「わがまま通信」に割り当てることを想定した（**表6-3**に示した料金表2を参照）。そのうえで，パターンbとして，非常時に「わがまま通信」が相乗りしない場合の試算結果と比較する。パターンbの試算結果は，**表6-1**に示した料金表をもとに，**表6-2**に示した3パターンで行った収支試算のうち，パターン1（優先度を加味した場合）の試算結果（**表6-8**）と同じである。

運営費の負担額は次式により算出した。

（運営費の負担額）＝（運営費の総額）×（ネットワークの全帯域に対して優先的取扱を受けられる帯域が占める割合）×（価格弾力性係数）

非常時に「わがまま通信」が相乗りする場合の初期投資，運営費の負担額は次のようになる。

(初期投資負担額)＝(初期投資額)×(非常時の優先的取扱帯域割合)

(円)

非常時の優先的取扱権「強」の通信	優先的取扱帯域の割合	初期投資負担額
防災（消防含む）	70%	602,700,000
医療	15%	129,150,000
介護	5%	43,050,000
一般ユーザ（高優先度分）	1%	8,610,000
合計	91%	783,510,000

(運営費の負担額:1)＝(運営費総額)×(平時の優先的取扱帯域割合)×(価格弾力性係数)

(円)

平時の優先的取扱権「強」・「中」の通信	①優先的取扱帯域の割合	②（運営費総額）×①	③価格弾力性係数	④運営費負担額 ②×③
消防機関：強	1%	4,856,450	10	48,564,500
医療機関：中	15%	72,846,750	3.3	240,394,275
介護施設：中	15%	72,846,750	2.5	182,116,875
教育機関：中	10%	48,564,500	2	97,129,000
企業（広告利用等）：中	10%	48,564,500	2	97,129,000
合計	51%	247,678,950	—	665,333,650

(運営費の負担額：2)＝(基本料)×(加入世帯数)

(円)

平時の優先的取扱権 「弱」の通信	基本料	加入世帯数	運営費負担額
一般市民：弱	500	96,739	48,369,600

(円)

平時の優先的取扱権別運営費負担額	
強	48,564,500
中	616,769,150
弱	48,369,600
合計	713,703,250

　この場合の収支予測は表6-12のようになる。表6-12から事業開始後1年目で収入合計額が費用合計額を超えることがわかる。事業開始から6年が経過した後の累積黒字額は1,290,860千円である。一般市民の利用料を無料にした場合でも、事業開始後6年目の累積黒字額は1,000,642千円となり、十分に投資が回収できる。

　非常時に「わがまま通信」が相乗りする場合（パターンa）の収支予測（表6-12）と非常時に「わがまま通信」が相乗りしない場合（パターンb）の収支予測（表6-8）の事業開始後6年目の累積黒字額と比べると、非常時に「わがまま通信」が相乗りすることで8,610千円の増収となる。この増収分を、他のアプリケーションを利用する相乗り主体に還元することで、社会的な重要性・必要性の高いアプリケーションを安価に提供することも可能になる。

　ちなみに、非常時に「わがまま通信」が利用する帯域が全体の3％に達する程度のユーザ（当初の3倍の帯域）が存在すると仮定すると、初期投資の負担額は、25,830千円（当初の3倍）となり、事業開始から6年経過後の累積黒字額は1,308,080千円となる。この場合、一般市民の利用料を無料とした場合でも、事業開始から6年経過後の累積黒字額が1,017,862千円となる。

　これらの試算から、非常時に「わがまま通信」が相乗りすることによって、他の相乗り主体の初期投資負担が軽減されるだけでなく、平時の社会的な重

要性・必要性の高い通信や，一般市民の利用する通信を安価に提供できる可能性が出現することがわかる。

表6-12　非常時に「わがまま通信」が相乗りした場合の収支予測【パターンa】

(千円)

年度	初期投資	1	2	3	4	5	6	合計
費用合計	861,000	485,645	485,645	485,645	485,645	485,645	485,645	3,774,870
収入合計	783,510	713,703	713,703	713,703	713,703	713,703	713,703	5,065,730
(収入)-(費用)	-77,490	228,058	228,058	228,058	228,058	228,058	228,058	1,290,860

表6-8（再掲）　非常時に「わがまま通信」が相乗りしない場合の収支予測【パターンb】

(千円)

年度	初期投資	1	2	3	4	5	6	合計
費用合計	861,000	485,645	485,645	485,645	485,645	485,645	485,645	3,774,870
収入合計	774,900	713,703	713,703	713,703	713,703	713,703	713,703	5,057,120
(収入)-(費用)	-86,100	228,058	228,058	228,058	228,058	228,058	228,058	1,282,250

「わがまま通信」の利用者が得られる効用と支払意思を勘案し，その利用料を社会的な重要性・必要性の高いアプリケーションに比べて高額にすることも考えられる。「わがまま通信」の利用者は，アプリケーションの利用から得られる効用を高く評価する結果，支払意思額が高くなることが想定される。ここでは，「わがまま通信」の利用者が評価する「わがまま通信からの効用」を「わがまま係数」と定義し，「わがまま係数」が変化した場合の収支への影響を試算した。「わがまま係数」を加味した「わがまま通信」の初期投資負担額は，次式により算出した。

（わがまま通信の初期投資負担額）＝（初期投資の総額）×（非常時にネットワークの全帯域に対してわがまま通信が優先的取扱を受けられる帯域割合）×（価格弾力性係数）×（わがまま係数）

表6-3に示した「わがまま通信」の「わがまま係数」が表6-13のように変化した場合，「わがまま通信」利用者の支払総額（初期投資負担額）は表6-14のようになり，収支予測は表6-15のようになる。

表6-14から，「わがまま通信」のユーザが感じる効用が高く，「わがまま係数」が高くなるほど初期投資負担額が増加することがわかる。この影響は，表6-15の収支予測に増収額として現れる。「わがまま係数」の高い「わがまま通信」からの増収分を利用して，社会的な重要性・必要性が高いアプリケーションをさらに安価に提供したり，トラヒック増加に伴う設備増強・更改を行うことで持続的・安定的な通信基盤整備・維持が可能になる。帯域の希少性が高まる非常時に，わずかな分量の「わがまま通信」を許容することが収支に大きな影響をもたらす可能性があるとことがわかった。わがまま係数が5の場合の初期投資負担額は43,050千円になる。これは，通信の優先的取扱権を加味した場合（パターン1）の試算結果における，平時の優先的取扱権が強い通信の運営費負担総額48,565千円の9割近くにあたる額になる。

表6-13　わがまま係数

わがまま係数	仮定値	優先的取扱権
一般市民（高優先度分）	1	強
	3	
	5	

表6-14 「わがまま通信」を利用するユーザの支払総額（初期投資負担額として）

(千円)

わがまま係数	初期投資負担額
1	8,610
3	25,830
5	43,050

表6-15 「わがまま係数」別収支予測一覧

(千円)

年度		初期投資	1	2	3	4	5	6	合計
わがまま係数：1									
	費用合計	861,000	485,645	485,645	485,645	485,645	485,645	485,645	3,774,870
	収入合計	783,510	713,703	713,703	713,703	713,703	713,703	713,703	5,065,730
	(収入)－(費用)	－77,490	228,058	228,058	228,058	228,058	228,058	228,058	1,290,860
わがまま係数：3									
	費用合計	861,000	485,645	485,645	485,645	485,645	485,645	485,645	3,774,870
	収入合計	800,730	713,703	713,703	713,703	713,703	713,703	713,703	5,082,950
	(収入)－(費用)	－60,270	228,058	228,058	228,058	228,058	228,058	228,058	1,308,080
わがまま係数：5									
	費用合計	861,000	485,645	485,645	485,645	485,645	485,645	485,645	3,774,870
	収入合計	817,950	713,703	713,703	713,703	713,703	713,703	713,703	5,100,170
	(収入)－(費用)	－43,050	228,058	228,058	228,058	228,058	228,058	228,058	1,325,300

注：わがまま係数：1の収支予測は，**表6-12**の再掲である。

2　議　論

　サプライサイドのコスト回収とユーザによる価値創造の両立という観点から，参加型ネットワークのビジネスモデルを構築するうえでの優先度概念の有効性を検証するため，藤沢市におけるWiMAX展開計画の投資額をもとに試算を行った。汎用性の高い通信基盤に複数の主体が提供する異種アプリケーションが相乗りする場合を想定し，料金に優先度概念を導入することによって，①サプライサイドからは投資回収が実現できるかという点を，②ユー

ザサイドからは最低限の通信を安く利用できるかという点を検証した。その結果2つのことがわかった。1つ目が，通信の優先的取扱権が中程度のユーザが多く相乗りするほど，優先的取扱権の弱い通信を安く提供できる可能性が出現することである。これは，相乗りモデルの設計コンセプトで想定していた，社会的な重要性・必要性の高い高優先度のサービスが相乗りに参加することで，空き帯域を効率的に利用しながら低優先度のサービスを安価に提供しようとする発想とは異なる結果であった。2つ目が，帯域の希少性が極度に高まる非常時に優先度の高い「わがまま通信」をわずかに許容することが社会的サービスを安価に提供する可能性を開くということである。本書では参加型ネットワークとしてのブロードバンドインターネットの構築・維持について，ビジネス側の供給ロジックに着目して論じており，社会的厚生という観点からは考察していない。しかしながら，「わがまま」も利用方法によっては社会的な意義を持つという点で興味深い試算結果を得た。

　収支試算結果から，料金に優先度概念を導入する利点と課題は次のように整理できる。

　利点は次の4つである。

　1つ目が，行政用・商用，通信・放送と個別のネットワークを構築して提供されていたアプリケーションを同一の基盤で提供可能にすることで，散在していた需要を集約できることである。これにより，人口の少ない地域でも採算がとれるようになり，人口密集地である採算地域ではさらに投資効率が上がることが期待される。

　図6-8に示したように，通信事業では固定費の占める割合が多いため，需要の少ない過疎地域では，損益分岐点を超えることが難しい。複数のアプリケーションを同一の基盤で提供することで，需要を集約し，1契約当たりの月間平均売上高を増加させることができるようになる。これにより，図6-9に示したように，売上高の傾きが大きくなり，少ない需要数でも損益分岐点を超えることが可能になる。また，すでに損益分岐点を超える十分な加入者数を獲得している都市部等の採算地域では，異種アプリケーションの相乗り

図6-8 過疎地域における通信事業の損益分岐点

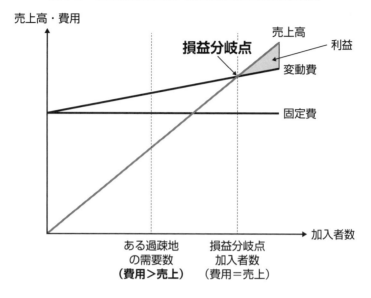

図6-9 異種アプリケーションの相乗りによる収益向上

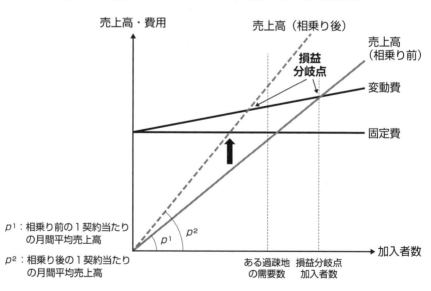

によって売上高の傾きが大きくなることにより，投資回収期間がさらに短くなり，事業の収益性が向上することになる。

2つ目が，現在一様の品質で伝送されているエンドユーザのトラヒックに混在する優先度の異なる通信が同一基盤に相乗りすることで，通信帯域の効率的利用とコスト削減が可能になることである。狭い帯域でも到達性と安定性が求められる緊急通報，混雑時にも一定程度の品質で通信帯域を利用したい医療，介護，教育，営利目的の企業活動（デジタルサイネージ等），通信品質が保証されていなくてもつながりさえすればよいWeb閲覧等の多様な帯域利用ニーズを勘案し，「一物一価（1bpsの料金は同じ）」の料金体系から，「一物多価（利用ニーズに応じて1bpsの料金が変わる）」の料金体系への移行を考えることで，混雑問題を回避しながら有限の帯域を，多人数で満足度高く使うことが可能になる。換言すれば，異主体が提供する帯域利用ニーズの異なる異種アプリケーションを同一基盤に相乗りさせることで，通信の優先・劣後の取扱権を組み合わせ，通信帯域の効率的利用が可能になると言える。優先度が高い通信が常に大量に発生しているわけではない。優先度の高い通信が発生した時の利用権を確保することで，優先度の高い通信が発生していない時の余剰帯域を優先度の低い通信が利用すれば，帯域利用効率が向上する。帯域の有効活用は，通信設備への投資削減につながるため，コスト削減効果も期待できる。

3つ目が，複数の相乗り主体が提供・利用する異種アプリケーションが同一基盤に相乗りすることで，一般ユーザが最低限の通信を安く使えるようになることである。試算結果から，119番通報等の優先度の高いアプリケーションよりも，平時の優先的取扱権が中程度のアプリケーションが収支に大きな影響をもたらしていることがわかった。優先的取扱度が中程度の相乗り主体が数多く参加することにより，最低限の通信を無料で一般市民に提供することも可能になる。非常時に狭い帯域を必ず必要とするアプリケーションよりも，平時から「そこそこ」の帯域を「そこそこ」の優先度で利用するアプ

リケーションが持続的なサービス提供の鍵となる。

　4つ目が，私的な重要性・必要性の高さから優先的取扱権の強い通信を利用するアプリケーションが相乗りすることで，社会的な重要性・必要性の高い通信，一般ユーザの最低限の通信を安価に提供することが可能になることである。収支試算から，非常時に優先的取扱権の強い私的な通信（わがまま通信）が全帯域の1％だけ相乗りすることで，通信料収入が増加するという結果を得た。従来，社会的な重要性・必要性の高いアプリケーションのために通信基盤を整備し，余剰帯域を民間に安価に開放するという整備方法が取られてきた。しかし，参加型ネットワークにおける優先度を利用した異種アプリケーションの相乗りにおいては，私的な重要性・必要性の高いアプリケーションを利用する「わがまま通信」の利用主体が，社会的な重要性・必要性の高いアプリケーションの提供を支えるという逆の構図が出現する。

　課題は，次の3つである。
　1つ目が，優先度概念を利用した異種アプリケーションの相乗りにより，過疎地域等の条件不利地域におけるビジネスベースでの通信基盤整備が実現する反面，単一の基盤にすべてのサービスが乗ることになり，冗長性が確保できないことである。投資効率が悪くても，税金を投入して防災用のネットワーク，行政用のネットワークと複数のネットワークを維持することは，非常時に際して冗長性の確保というメリットを生じさせる。多額の補助金を投入して冗長性を最大限に考慮した通信基盤を整備するメリットと，冗長性をある程度犠牲にするかわりにビジネスベースで効率的に通信基盤を整備するメリットを慎重に比較検討する必要がある。
　2つ目が，すでにビジネスベースでブロードバンドサービスが提供されている都市部等では，相乗りによって地域的な小規模ネットワークを自律的に構築する可能性が開ける一方，その用途や利便性を慎重に検討する必要があることである。通信キャリアが構築する全国規模のネットワークに対し，地域的な小規模ネットワークの持つ価値を吟味する必要がある。

3つ目が，トランジットを想定しないエンドシステムでの収支試算を行ったが，現実世界ではトランジット（域内外とのトラヒックのやり取り）を想定する必要があることである。トランジットを想定した場合，優先度別通信の実現コストと実現可能性を慎重に考慮する必要がある。我が国のインターネットにおけるエンド–エンド通信の遅延を計測した結果，通信遅延の最も小さいところと大きいところで約6倍の差があった（藤井ら［2008］）。トランジットを行っている現実世界で優先度概念を利用する場合，優先度をどのように定義するかという問題について，技術的側面，社会的側面から慎重に検討する必要がある。

3 RQ1～RQ3に関するまとめと討論

　レイヤー間分業形態と提供アプリケーションの関係を，設備投資額とアプリケーションの設備被拘束性に着目して調査・分析したRQ1（RQ1-1, RQ1-2）から，アクセス回線の設備投資額の大小にかかわらず，設備被拘束性の強いアプリケーションが提供されている場合に公設公営方式がとられており，設備被拘束性の弱いアプリケーションが提供されている場合に公設民営方式がとられていることがわかった。技術がさらに進歩し，アプリケーションの設備被拘束性がますます弱まれば，同一基盤に複数の主体が相乗りし，様々な異種アプリケーションを提供することが容易になろう。光ファイバやCATV回線を利用したトリプルプレーサービスにその萌芽を見ることができる。1本の伝送路で通信・放送，行政用・商用といった性質の異なるアプリケーションを提供することが可能になれば，複数の主体が提供する異種アプリケーションが同一基盤に相乗りすることで，小規模ネットワークを自律的に構築・運用できる可能性が出現する。

　RQ2では，異種アプリケーションの相乗りに関して，優先度概念の技術的な導入可能性について考察した。具体的には，異種アプリケーションの端末

への相乗りと，伝送路への相乗りに着目した．端末への相乗りについては，Webカメラの多目的利用を行っている「10373.com」を調査した．伝送路への相乗りについては，閉域網でIPv6マルチプレフィックス制御技術を利用して「優先度別通信実験」を行った．調査，実験から，優先度概念を利用した異種アプリケーションの相乗りについて，技術的な導入可能性があることがわかった．その一方で，同一の端末や伝送路への異種アプリケーションの相乗りに際して，多様な相乗り主体間で実際のシステム構築・運用をビジネスとして行うためには，コスト削減以外のメリットが必要であることがわかった．多様な主体が提供・利用する異種アプリケーションの同一基盤への相乗りを実現するためには，コスト削減以外の「益」を創出する仕組みの構築も必要である．

　RQ3では，地方の中規模都市において，有限の帯域を多人数でシェアする場合を想定し，藤沢市におけるWiMAX展開計画の投資データをもとに，サプライサイドのコスト回収とユーザによる価値創造の両立という観点から優先度概念の有効性を検証した．具体的には，料金に優先度概念を導入することによって，①サプライサイドから，投資回収が可能か，②ユーザサイドから，最低限の通信を安く利用できるかという点について検証した．3種類の優先度（高・中・低）で，平時と非常時で優先・劣後の取扱権を組み合わせた収支試算を行い，2つの結果を得た．1つ目が，異種アプリケーションの相乗りにより，低優先度の通信を安価に提供できることである．平時の中優先度の通信が収支に大きな影響を与えていた．非常時に狭い帯域を高優先度で必要とするアプリケーションよりも，平時に「そこそこ」の帯域を「そこそこ」の優先度で利用するアプリケーションが持続的なサービス提供を支えているという結果を得た．2つ目が，非常時に若干の「わがまま通信」（私的な高優先度通信）を許容することが，増収につながることである．帯域の希少性が高まる非常時に若干のわがままを許容することが，社会的なサービスを安価にする可能性があるという結果を得た．

通信と放送をめぐる実際の政策課題に対するRQ1〜RQ3の調査・分析結果の含意は，次の3つである．

　1つ目が，優先度概念を導入することで，多様な主体によるサービス提供，ユーザによる価値創造というサプライサイドとユーザサイドの双方からの参加のメリットを守りながら，多くの主体が価値創造に参加できるオープンなネットワークの投資回収が可能になることである．多様な相乗り主体が，様々な異種アプリケーションを提供・利用する基盤で，各主体の受益と支払意思に応じた課金を行うことで，参加型ネットワークの持続的な維持が可能になる．通信・放送の本格的な融合を展望し，有限な帯域を多人数で満足度高く利用するための仕組みとして，優先度概念の果たす役割が大きいと言える．

　2つ目が，異種アプリケーションの相乗りにおいて，「そこそこ」の帯域を「そこそこ」の優先度で利用するユーザが持続的なサービス提供を支えるという点である．同一設備に対して異なる支払意思を持つユーザが持続的なサービス提供を支えている例は，通信・放送以外の分野にも存在する．例えば，鉄道や飛行機には目的地までの移動に対して異なる支払意思（willingness to pay）を持った乗客が，異なるサービス・クラス（自由席・指定席・グリーン席，エコノミークラス・ビジネスクラス・ファーストクラス等）で相乗りしている．新幹線や飛行機のサービス・クラスに優先度概念はないが，1運行当たりの収益最大化を目的として，サービス・クラスごとの料金が導入されている．

　鉄道や飛行機の座席種別，一般道路と有料道路等，運輸・交通分野ではユーザがサービス・クラスを自律的に選択できるにもかかわらず，現在のところ，通信分野ではそれができない．ユーザがアプリケーションごとに通信のサービス・クラスを自律的に選択できるような環境整備が望まれる．例えば，テレビ放送や動画視聴は混雑していても，そこそこの通信品質で提供されるかわりに，そこそこの料金を支払うが，Web閲覧やメール送受信等のデータ通信は空き帯域を利用して安価に使えればよいというユーザもいれば，その逆（動画視聴は空き帯域を利用して安価にできればよいが，データ通信は

そこそこの通信品質が必要等）のユーザもいる。多様なユーザニーズを組み合わせて有限の帯域を効率的に利用するために，ユーザがアプリケーションの利用に際し，自律的に通信サービスのクラスを選択できる仕組みづくりが求められる。

　3つ目が，ネットワークの中立性問題についてである。インターネットを利用したサービスの発展に伴い，ネットワークを流れるトラヒックが増加している。増加するトラヒックを支えるための追加設備投資負担問題，混雑問題がネットワークの中立性問題として議論されている。ネットワークの中立性問題は，通信事業者とコンテンツやプラットフォーム提供事業者間の設備投資負担問題という側面と，ヘビーユーザとライトユーザ間の費用負担の公平性という側面と，混雑問題が複雑に絡み合って論じられている。その結果，特定のコンテンツやプラットフォーム提供事業者，ヘビーユーザを排除する議論も出現し，これに対向するように，オープンなネットワークの必要性を説く議論が浮上している。

　かねてより，技術中立性（特定の技術を優遇したり不利にしたりしないこと），競争中立性（特定の事業者を優遇したり不利にしたりしないこと）が通信分野における競争政策の二大原則と言われてきた[14]。ネットワークの中立性は，この二大原則に加わる新たな原則になるとして，議論が行われている。しかし，技術中立性と競争中立性という二大原則が守られたとするならば，現在ネットワークの中立性問題として議論されている様々な問題は解決するのではないだろうか。競争政策の二大原則に立ち返り，すべての技術に対してオープンであり，すべての事業者に対してオープンであるネットワークを構築・維持する方法を考えれば，ネットワークの中立性問題を解くことが可能になる。技術進歩により，伝送路とアプリケーションが分離し，ネットワークが汎用的ですべてのアプリケーションに対して中立的なものになった。その一方で，コスト負担に関しては中立性が問題にされるという逆行現象が起こっている。

---

14) 谷脇［2005］，170ページ。

技術進歩の恩恵を最大限に活用するため，どの主体にとっても，どのアプリケーションにとっても開かれた（openな）汎用性の高いネットワークを，自律的に構築し，持続的に運用する方法を考えることは重要な課題である。優先度概念を取り入れることにより，有限の帯域を多人数で満足度高く使うことが可能になる。また，従来通信分野で行われていた，使用量や使用時間に比例する料金ではない，「優先度」という新たな概念を取り入れることで，サプライサイドの柔軟なコスト回収手段を実現し，ユーザサイドの安価なインターネット利用を実現することで価値創造サイクルの発展が実現できる。

第7章

参加型ネットワークのビジネスモデルの可能性と限界

(1) 参加型ネットワークのビジネスモデルの可能性

　本書は，参加型ネットワークのビジネスモデルを構築するうえでの優先度概念の有効性を検証した。事業構造のレイヤー化によって実現した多様な主体によるサービス提供と，ユーザによる価値創造という参加のメリットを守りながら，多くの主体が価値創造に参加できるオープンなネットワークの投資回収を実現することが目的である。本研究の貢献は，次の3つである。

　1つ目が，オープン・アクセス・サービスの中でも，多様な主体によるサービス提供，ユーザによる価値創造という特性を持った参加型ネットワークの持続的提供方法を考察したことである。従来，通信事業は，規模の経済性やネットワークの外部性が働き，設備とアプリケーションの一体性が強いことから，効率的な資源配分，独占の弊害排除といった側面から議論されてきた。技術進歩により，その前提条件が変化してきている。すなわち，小規模なネットワークを相互に接続して大規模なネットワークを構築することが可能になり，通信ネットワークが持つ規模の経済性やネットワークの外部性が弱くなってきた。その一方で，通信ネットワークを利用して多様なサービスが提供されるようになり，利用・活用面でユーザがコンテンツやプラットフォームを介して形成されるバーチャルなネットワークの外部性が強くなってきている。物理的なネットワークの外部性が弱まる一方で，利用・活用面でのバーチャルなネットワークの外部性が強くなるという逆転構造のもと，参加型ネットワークの持続的提供方法を，サプライサイドのコスト回収，ユーザサイドの価値創造の両立という観点から考察し，具体的な案を提示したことである。

　2つ目が，物理インフラレイヤー，通信サービスレイヤー，アプリケーションレイヤー相互の関係を解明しながら，アプリケーションレイヤーの通信の優先的取扱に対する多様なニーズが物理インフラの投資回収に与える影響を考察したことである。事業構造のレイヤー化とともに，個別具体的な課題に対する検討もレイヤー化した。レイヤーを縦断する視点で通信事業における課題を捉え直したことで，デジタル・デバイドや，ネットワークの混雑問

題に対し，新たな問題解決方法を提示した。

3つ目が，通信の優先度概念を料金体系に導入する効果を検証し，参加型ネットワークのより良い運営方法を検討したことである。技術進歩によって実現可能性が高まった優先度別課金の導入方法と効果を検証することで，技術進歩の恩恵を実社会に反映させる方法を体系立てて考察した。

（2）参加型ネットワークのビジネスモデルの限界

本研究の限界は，優先度概念の有効性を試算結果に基づいて考察したこと起因する次の3つの課題が存在することである。

1つ目が，トランジットが存在する現実のネットワークに優先度概念を導入・運用する場合，バックボーンコストの問題，QoS問題を検討する必要があることである。モデルを簡素化する目的で，トランジットのないエンドシステムを想定した試算を行ったため，実運用の際には，トランジットが存在する現実のネットワークならではの変数を考慮する必要がある。

2つ目が，具体的な相乗り基盤運営主体を想定し，マネジメント問題を考える必要があることである。収支試算では，相乗り基盤の投資回収のみに着目した。実運用の際には，参加型ネットワークの運営を誰がどのようなインセンティブで行うのかを詳細に検討する必要がある。

3つ目が，参加型ネットワークを事業として運用する際，具体的なビジネスモデルとして，カスタマーサポートや課金などの業務を想定した検討を行う必要があることである。自営，アウトソーシング等，事業運営形態により，サービス提供地域との関わり，主体間のインセンティブ設計が異なることが予想される。

最後に残る最大の課題は，技術は日々進歩していくということである。技術の新たな応用方法を考案しても，考案した時点から陳腐化が始まる。技術進歩による状況変化に対応可能な柔軟性を制度設計にどう組み込むか，当初に設計したインセンティブ構造が技術進歩により陳腐化した場合に誰がどうやって再設計するのかという課題が残る。技術もユーザの利用方法も能動的

に柔軟に急速に変化するが，制度や料金体系は受動的に硬直的に緩慢にしか変化しない。このギャップを橋渡しし続ける必要がある。

参考資料1　RQ1，RQ2の調査事例詳細

(単位：千円)

		矢島町（現：秋田県由利本荘市）		木城町（宮崎県児湯郡）	
総事業費		327,958		560,000	
	国庫補助	107,882	地域情報交流基盤整備モデル事業（総務省）	180,000	地域情報交流基盤整備モデル事業（総務省）
	県補助	100,000	地域情報化モデル市町村支援事業（秋田県）		
	起債	119,000	過疎債	370,000	過疎債
	一般財源	1,076			
	その他				
サービス開始年月		2003年4月		2004年4月	
月額利用料		6,510円（2005年4月現在）		3,800円（2005年4月現在）	
サービス提供方法		町が整備した光ファイバ網をNTT東日本がIRUで調達し，NTT東日本が町に一括でサービス提供。それを受けて町が住民向けサービスを提供。		町が整備した光ファイバ網をNTT西日本がIRUで調達し，NTT西日本が町に一括でサービス提供。それを受けて町が住民向けサービスを提供。	

		西興部村（北海道紋別郡）		遠野市（岩手県）	
総事業費		1,671,000		4,725,000	
	国庫補助	822,600	田園地域マルチメディアモデル事業（農水省）	3,283,000	新世代ケーブルテレビ施設整備事業（総務省），田園地域マルチメディアモデル事業（農水省）
	県補助	205,600	道の補助金		
	起債	325,000	過疎債	1,006,000	過疎債
	一般財源	317,800		348,000	
	その他			86,000	利用者が支払う加入金
サービス開始年月		2004年4月		2001年4月	
月額利用料		3,800円（2005年4月現在）		2,350～3,450円（2005年4月現在）	
サービス提供方法		町が電気通信事業者としてインターネット接続とCATVを提供。電話は町の光ファイバをNTT東日本へ業務委託。		市がCATV網を整備し，運営管理を第三セクターである遠野テレビに委託。	

		秋田県のADSL支援策	淡路町（現：兵庫県淡路市）	
総事業費			22,000	
	国庫補助			
	県補助	採算面の課題から民間事業者によるブロードバンド通信整備が進まない地域を対象に，送受信装置，付帯工事費，局社改修費の半額（上限1,500万円）を補助することを条件に，整備事業者を公募するもの。（2002年度・2003年度）		
	起債			
	一般財源			
	その他		22,000	淡路町単独事業
サービス開始年月			2002年12月	
月額利用料			1,980円（2003年11月現在）	
サービス提供方法			淡路町が，関西ブロードバンド（兵庫県情報ハイウェイ，助成金制度を利用して兵庫県内の過疎地域に事業展開）へ2,200千円の補助を行いサービス提供を実現。	

(単位：千円)

	原町市（現：福島県南相馬市）	上湧別町（現：北海道紋別郡湧別町）
総事業費	188,000	
国庫補助		
県補助		
起債		
一般財源		
その他	188,000　原町市単独事業	
サービス開始年月	2003年7月	2002年7月
月額利用料	5,000円（2003年9月現在）	2,604円（2005年4月現在）
サービス提供方法	2001年に地域イントラネット基盤整備事業（総務省）の補助を受けて整備した地域公共ネットワークを原町市がNTT東日本へIRU契約で提供。それを受け，NTT東日本が原町市に一括してサービス提供。26GHz帯無線で整備。	2.4GHz帯無線で整備。町が無線基地局設置場所を提供している。サービス開始後に実施された町内の不採算地域を対象としたエリア拡大では，行政が構築した無線設備をワイコムがIRU契約で借り受け，サービスを提供している。エリア拡大に関する費用の詳細は公開されていない。

参考資料2　藤沢市の統計データ

藤沢市の人口

総人口・昼間人口	人	%
総人口	396,014	—
昼間人口	375,800	94.9

年齢別人口	人	%
0-14歳	55,751	14.1
15-64歳	274,838	69.4
65歳以上	65,408	16.5

出所：藤沢市ホームページ「平成17年国勢調査（指定統計第1号）」2009年2月20日をもとに作成
〈http://www.city.fujisawa.kanagawa.jp/content/000251634.pdf〉（閲覧日：2009年2月25日）。

藤沢市の世帯数

(世帯)

総世帯数	161,232
一般世帯数	161,122
核家族世帯	99,889
単身世帯	49,874
（うち65歳以上単身）	(10,007)

出所：藤沢市ホームページ「平成17年国勢調査（指定統計第1号）」2009年2月20日をもとに作成
〈http://www.city.fujisawa.kanagawa.jp/content/000251634.pdf〉（閲覧日：2009年2月25日）。

藤沢市の消防署数

消防本部		1
	南消防署	1
	北消防署	1
	辻堂出張所	1
	本町出張所	1
	苅田出張所	1
	明治出張所	1
	鵠沼出張所	1
	村岡出張所	1
	片瀬分遣所	1
	長後出張所	1
	御所見出張所	1
	西部出張所	1
	六会出張所	1
	善行出張所	1
合計		15

出所:藤沢市ホームページ「消防本部各署所の紹介」2007年12月18日をもとに作成
〈http://www.city.fujisawa.kanagawa.jp/syoubou/page100027.shtml〉(閲覧日:2008年9月30日)。
〈http://www.city.fujisawa.kanagawa.jp/facilindex_00010.shtml〉(閲覧日:2008年9月30日)。

藤沢市の公立小中学校数

小学校	35
中学校	19
特別支援学校	1
合計	55

出所:藤沢市ホームページ「学校施設の概要(小学校)」および「学校施設の概要(中学校・特別支援学校)」2008年4月1日をもとに作成
〈http://www.city.fujisawa.kanagawa.jp/gakko-s/data02271.shtml〉(閲覧日:2009年2月25日)。
〈http://www.city.fujisawa.kanagawa.jp/gakko-s/data02269.shtml〉(閲覧日:2009年2月25日)。

藤沢市の救急統計

出場件数・搬送人員数

	2003年	2004年	2005年	2006年	2007年	平均
出場件数	17,677	18,307	19,400	18,952	18,771	18,621
(増加件数)	1,165	630	1,093	−488	−181	444
(前年比：％)	107.1	103.6	106.6	97.7	99.0	—
搬送人員	16,768	17,470	18,496	17,920	17,811	17,693
(増加人数)	878	702	1,026	−576	−109	615
(前年比：％)	105.5	104.2	105.9	96.9	99.4	—

主な事故種別（件）

	2003年	2004年	2005年	2006年	2007年	平均
急病	10,220	10,523	11,430	11,223	11,304	10,940
(種別比率：％)	57.8	57.5	58.9	59.2	60.2	—
交通事故	2,530	2,485	2,485	2,176	2,151	2,365
(種別比率：％)	14.3	13.6	12.8	11.5	11.5	—
一般負傷	2,337	2,520	2,602	2,678	2,614	2,550
(種別比率：％)	13.2	13.8	13.4	14.1	13.9	—
その他	2,590	2,779	2,883	2,875	2,702	2,766
(種別比率：％)	14.7	15.2	14.9	15.2	14.4	—

注：同資料では，2007年の市内1日当たりの平均出場件数は約51件で，約28分に1回の割合で救急車が出場しており，市民の約21人に1人が救急車を利用したことになると記されている。2003年～2007年の出場件数の平均値を用いて計算したところ，約28分に1回救急車が出場していることになるという結果を得た。

出所：藤沢市ホームページ「平成20年の救急の概要について（速報）」2008年3月6日をもとに平均値を算出した〈http://www.city.fujisawa.kanagawa.jp/asf119/page100023.shtml〉（閲覧日：2008年9月30日）。

終章

いろいろなモノが
ネットワークにつながる世界
──共有と共用そして，つながらない自由──

1 共用と共有

　IoTが普及し，いろいろなモノがネットワークにつながる世界が実現途上にある。また，スマートフォン（スマホ）の普及により，様々なネットワーク・サービスが身近に，手軽に利用可能になった。

　ICT（Information and Communication Technology：情報通信技術）ツールが商用サービスだけでなく，医療や見守り，介護といった公共性の高いサービスに利用されるようになった時，行政用のインフラ，商用のインフラと二重投資をする余裕のないルーラル地域（過疎地域）において，官民がインフラを共同利用することにより，民間企業の創意工夫と効率性メカニズムを利用したサービス展開が可能となる官民協働の在り方は今後，人口減少に直面するルーラル地域における通信，放送を含めた社会的基盤整備を考えるうえで，今でも多くの含意を有すると言える。

　また，ICT技術の進展は，「シェア（share）」という概念を実現可能にしている。有限の資源を有効活用する観点から，「シェア」という概念が有用となろう。

　シェアには，共有という側面と，共用という2つの側面がある。共有は，共同で所有することである。自家用車のように，1台の自動車を家族が共有して使うことが例としてあげられる。一方，モノを共有しなくとも，共に利用するだけのゆるやかな関係性としての共用がある。共用は共同で使用することである。例えば，クラウドソーシングなどがこれに当たるだろう。

　公と私のはざまにある，「共」という概念，とりわけ「共用」に着目することで，既存のビジネスの新たな側面を発見したり，台頭してくる新規ビジネスの根底にある原理をより鮮明に理解することが可能となろう。

　公・私・Open・Closeの軸で，整理してみると，「公（Public）」と「私（Private）」は，**図8-1**のようになる。また，「Open」と「Close」は**図8-2**のようになる。

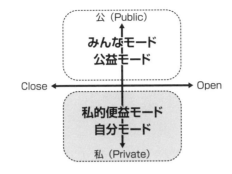

図8-1 公益モードと私的便益モード

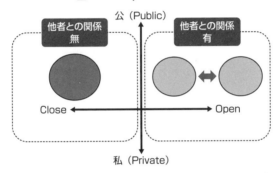

図8-2 OpenとClose

　公益モードのときは，Openであっても，Closeであっても，「みんなモード」になる。一方，私的便益モードの時は，Openであっても，Closeであっても，「自分モード」になる（図8-1参照）。ここでいう「自分」は，経済活動の主体となる「私」としての企業体も含まれる。

　公が「Public」な概念で，私が「Private」な概念と考え，ここに，OpenとCloseの軸を加えてみた。Openなときは，他者との関係が開かれているものであるが，Closeなときは，他者との関係がなく，自分の中で完結してしまうことを想定している（図8-2参照）。

　シェアリングエコノミーの市場規模が拡大の途上にあるが，公益モードで事業をしているのか，私的便益モードで事業をしているのかで，ビジネスモ

デルが大きく分かれる。民泊や旅先での体験予約サイトのAirbnbや自動車配車サービスのUber，カーシェアリングは「みんなモード」で「Open」なもの，Yahoo!知恵袋やモノシー（様々なモノを個人間で貸し借りできるサービス[1]）は「自分モード」で「Open」なものかもしれない。

また，公・私・Open・Closeの軸で，インターネット上の情報を対象に，共用と共有を整理してみると，図8-3のようになる。

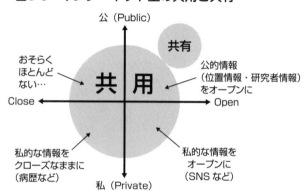

図8-3 インターネット上の共用と共有

インターネット上の情報では，「私」的なものが共有されることがある。例えば，図8-4に示したように，闘病日記や，個人的なblogの記事が共感を呼び，共有（share）されることがある。また，図8-5に示したように，感染症の拡大予防のため，インフルエンザ等の受診記録が個人情報に配慮したうえで共用され，感染経路を可視化したうえで，その情報が共有されることがある。

我々が利用するWikipediaやフリーのソフトウェア，Linux等は，図8-6に示すとおり，前述のインフルエンザの受診記録の共有に似ている点が面白いところである。

---

[1] 株式会社プライメッジHP〈https://primedge.net/?p=524〉（閲覧日：2017年10月8日）。

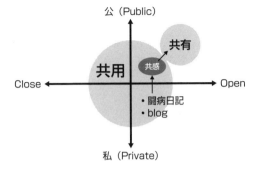

図8-4 共感を通じた共有

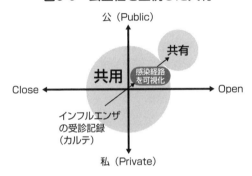

図8-5 公益性を重視した共有

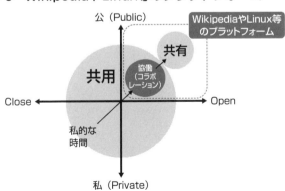

図8-6 WikipediaやLinux等のプラットフォーム

私的な時間をボランタリーに（自発的に）供出することで協働が起こり，その成果物が公に共有される。

これらから考えられる含意は，有限のリソースを有効活用したいとき，必ずしも「所有」する必要はなく，「使えればいい」という共用の発想に着目することが重要なときもあるということである。

2 つながらない自由を求めて

スマホ，GPS，ICカード，クレジットカード，スマートホームに，自動運転，技術が進歩し，IoTが進むと便利な反面，それから逃れたいときも出てくるのではないか。どこにいるか知られたくなかったり，どういう経路で移動したのか知られたくなかったり，何を買ったか知られたくなかったり等々が考えられる。

また，我々は，ネット上にあふれる情報に翻弄されているのかもしれない。デジタルデトックスという言葉もある。一定期間，ネット接続機器を触らないというものだ。Facebookの「いいね」を気にすることもなければ，LINEで流れてくるフロー情報に振り回される必要もない。

ブロードバンドサービスや，携帯電話サービスは，公共性が高くなってきたものの，ビジネスベースでの提供となっており，若干の未整備地域が残っている。このようなルーラル地域では，ブロードバンドサービスや携帯電話サービスをユニバーサルサービス化してほしいという声も上がっている。しかし，これらについては，技術進歩を見ながら慎重に検討する必要があろう。

「つながらない自由」をどこかに残しておかないと，監視社会のようになってしまい，行動が制限され，創発が阻害されかねない。

これだけ，いつでも・どこでも・誰とでもつながれる世界だからこそ，「雲隠れ」できる「つながらない自由」という選択肢を残しておくことに大きな価値があると考える。

謝　辞

本書を執筆するにあたり，多くの方にお世話になりました。

本書のベースとなった博士論文研究をご指導くださった先生方に感謝します。國領二郎教授，村井純教授，青井倫一教授，土屋大洋教授には，長らく研究にご指導を賜りました。國領二郎教授には，壮大なテーマを前に右往左往している頃から主査として気長にご指導賜りました。現実に発生している事象から物事を学ぶことはけして容易なことではありませんでした。修士課程の副査として，また，博士課程の主査として先生のもとで研究を進める中で，現実の多様性を咀嚼し，その根底にある仕組みを解明するためにどれだけの努力が必要なのかを学びました。青井先生には，重要な局面でいくつもの示唆に富んだアドバイスをいただきました。先生からの数々のアドバイスは，研究の重要な局面で，自らの立ち位置を決める際に大きな役割を果たしました。先生はこの世を去ってしまい，本をお見せすることが叶いませんでした。いつものニヒルな笑い顔で見てくれていることを祈ります。

フィールド調査や，電話インタビューを行った際，地方自治体や通信事業者，研究者の方々に多くのお時間をいただきました。お忙しいところ，快く訪問調査や追加インタビューに応じてくださったこと，また，資料をお送りいただいたことに感謝申し上げます。実際の事例をつくり上げた皆様方のご協力なくして本書をまとめることはできませんでした。ワイコム株式会社の秦野仁志社長，関西ブロードバンドの三須久社長，兵庫県庁，旧淡路町役場，旧上湧別町役場，旧矢島町役場，西興部村役場の方々をはじめ，インタビューに応じてくださったすべての方に感謝いたします。そして，「10373.com」の調査を通じて高知工科大学の菊池豊教授，高知大学地域コーディネーター岡村健志氏，株式会社 Model Village の代表取締役小松一之氏と多くの議論を重ねたことは，研究を推進するうえで貴重な糧となりました。

フィールド調査の他にも，実験や調査を行いました。優先度別通信実験，

インターネットの品質調査は，株式会社インテック・ネットコア（研究遂行当時。現在は組織改変されている）の諸氏と行いました。この実験や調査を通じ，技術的側面からの考察が深まりました。荒野高志社長，中川郁夫氏，永見健一氏，北口善明氏（2006-2009年当時）をはじめ，実験や調査に携わったすべての方に感謝いたします。

　最後に，修士課程，博士課程と長年にわたる研究生活を気長に明るく支えてくれた家族に感謝します。研究生活を見守ってくれた父の存命中にこの本を届けられたらどんなに良かったことでしょう。高い空の上から，きっと読んでくれていると信じています。そして，長い研究の道のりを歩く中で，得難い友も得ました。原稿にアドバイスをいただいた，熊本学園大学の吉川勝広教授に感謝します。また，出版にあたり，同文舘出版の社長中島治久氏と，青柳裕之氏には言い尽くせないほどお世話になりました。すべてのご縁に感謝します。

　　　2018年2月

　　　　　　　　　　　　　　　　　　　　　　　　　　　　藤井　資子

参考文献

藍沢志津 [2007]「インドの情報通信産業」『海外電気通信』(財団法人マルチメディア振興センター・国際通信経済研究所),秋季号(第40巻4号),75-132ページ.
秋田県矢島町役場企画商工観光課 [2003]「地域づくりのための情報化:矢島町の試み」.
秋道智彌 [2004]『コモンズの人類学』人文書院.
浅井澄子訳 [1994]「ユニバーサル・サービスの再定義:ルーラル地域における新技術展開の費用」(Redefining Universal Service: The Cost of Mandating the Deployment of New Technology in Rural Areas) 海外電気通信,11月号.
浅井澄子 [1997]『電気通信事業の経済分析 [増補改訂版]:日米の比較分析』日本評論社.
浅井澄子 [2001]『情報通信の政策評価:米国通信法の解説』日本評論社.
有岡正樹 [2001]「第1編 PFI総論」西野文雄監修,有岡正樹・有村彰男・大島邦彦・野田由美子・宮本和明『完全網羅 日本版PFI 基礎からプロジェクト実現まで』山海堂,39-40,45-56ページ.
池田信夫 [2006]『電波利権』新潮社.
依田高典 [2001]『ネットワーク・エコノミクス』日本評論社.
依田高典 [2007]『ブロードバンド・エコノミクス』日本経済新聞出版社.
井出秀樹 [2004]『規制と競争のネットワーク産業』勁草書房.
伊藤元重 [2004]『ビジネス・エコノミクス』日本経済新聞社.
井上真 [1995]「コモンズとしての熱帯林」『環境社会学研究3』.
井上真 [2001]「自然資源の共同管理制度としてのコモンズ」井上真・宮内泰介編『コモンズの社会学:森・川・海の資源共同管理を考える』新曜社.
井上真 [2004]『コモンズの思想を求めて』岩波書店.
井上真・宮内泰介編 [2001]『コモンズの社会学:森・川・海の資源共同管理を考える』新曜社.
井上友二 [2007]『そこが知りたい最新技術:NGN入門』インプレスR&D.
植草益 [2000]『公的規制の経済学』NTT出版.
植草益・井出秀樹・竹中康治・堀江明子・菅久修一 [2002]『現代産業組織論』NTT出版.
上田隆穂 [1999]『マーケティング価格戦略:価格決定と消費者心理』有斐閣.
宇沢弘文 [2000]『社会的共通資本』岩波書店.
宇沢弘文 [2003]『経済解析:展開編』岩波書店.
梅原望夫 [2006]『ウェブ進化論:本当の大変化はこれから始まる』筑摩書房.
衛藤卓也 [1988]「交通インフラ・交通サービスとその供給方式:公共財・私的財・価値財概念の適用」『国民経済雑誌』Vol.158, No.5, 15-34ページ.
NTT [2014]「個人投資家様向け会社説明会」(6月) 7ページ.

NTT西日本レポート［2005］No23〈http://www.ntt-west.co.jp/info/ntt_report/2005/023/031_html〉（閲覧日：2006年5月16日）.

NTT東日本福島支店［2003］NTTブロードバンドコミュニテイフェア配布資料.

OECD著，安村幸夫訳，郵政研究所監訳［1996］『情報通信インフラ整備の経済効果：競争とユニバーサル・サービス，そして雇用』日本評論社.

岡田羊祐・鈴村興太郎［1993］「第5章 電気通信の行動規制―競争による事業の活性化と効率化を求めて―」奥野正寛・鈴村興太郎・南部鶴彦編『〈シリーズ・現代経済研究5〉 日本の電気通信』146-147ページ.

岡田羊祐・林秀弥編著［2014］『クラウド産業論：流動化するプラットフォーム・ビジネスにおける競争と規制』勁草書房.

岡野行秀・植草益［1983］『日本の公企業』東京大学出版会.

岡本全勝［2003］『新地方自治入門 行政の現在と未来』時事通信社.

奥野正寛・鈴村興太郎［1988］『ミクロ経済学（Ⅱ）』岩波書店.

奥野正寛・鈴村興太郎・南部鶴彦編著［1993］『〈シリーズ・現代経済研究5〉 日本の電気通信』日本経済新聞社.

奥野正寛・篠原総一・金本良嗣編［1989］『交通政策の経済学』日本経済新聞社.

鬼木甫［2005］「「通信・放送インフラ」供給における独占と公平・公正競争」『大阪学院大学経済論集』第19巻，第1号（6月），1-44ページ.

鬼木甫［2006］「『NTT施設設置負担金』の廃止について」『大阪学院大学経済論集』第20巻，第1・2号（6月），47-77ページ.

加藤寛・黒川和美編［1987］『政府の経済学』有斐閣.

加藤雅信［2001］『「所有権」の誕生』三省堂.

香取一昭［1989］「ユニバーサル・サービス：その目的と現実を国際的な比較で探る」『海外電気通信』8月号（Garnham, Nicholas［1988］Universal Service: Objectives and Practice in International Comparison, *Die Zukunft der Telekommunikation in Europa*, pp. 53-73.）.

関東総合通信局報道発表資料［2003］（8月26日）〈http://www.kanto-bt.go.jp〉（閲覧日：2003年8月27日）.

菊池豊・藤井資子・山本正晃・永見健一・中川郁夫［2007］「遅延計測による日本のインターネットトポロジーの推定」『信学技報』Vol.107, No.151（IA2007-27），103-108ページ.

木城町情報センター・NTT西日本宮崎支店［2004］「山間部における日本最大の光ブロードバンドの町：木城町について」（6月1日）.

北久一［1974］『公益企業論（全訂新版）』東洋経済新報社.

北口善明［2006］「ORF2006内におけるモバイルIP Talkを利用した際に得られた知見および所感の報告」株式会社インテック・ネットコアIPv6研究開発グループ.

木村忠正［2001］『デジタルデバイドとは何か』岩波書店.

グロービス・マネジメント・インスティテュート［1999］『MBAファイナンス』ダイヤモンド社.

慶應義塾大学國領研究室，株式会社インテック・ネットコアIPv6研究開発グループ［2006］「マルチプレフィックス制御技術を利用した通信基盤のコストシェアモデルに関する研究」ORF2006配布用印刷物（11月）.

経済企画庁物価局編集［2000］『公共料金ハンドブック』.

KDDI株式会社［2008］「インターネット政策懇談会　第5回　資料5-6」（6月27日）〈http://www.soumu.go.jp/joho_tsusin/policyreports/chousa/internet_policy/pdf/080627_2_si5-6.pdf〉（閲覧日：2008年7月30日）.

憲法教育普及協議会［1987］『教科書・日本国憲法』一橋出版.

交通管理研究会編著［2002］『交通管理手法としてのロードプライシング序説』立花書房.

高度情報通信ネットワーク社会推進戦略本部（IT戦略本部）［2001］「e-Japan戦略」（1月22日）.

國領二郎［1995］『オープン・ネットワーク経営』日本経済新聞社.

國領二郎［1999］『オープン・アーキテクチャ戦略：ネットワーク時代の協働モデル』ダイヤモンド社.

國領二郎［2004］『オープン・ソリューション社会の構想』日本経済新聞社.

國領二郎・三谷慶一郎・一般社団法人価値創造フォーラム21編［2017］『トップ企業が明かすデジタル時代の経営戦略：「絶対的価値」を生み出すエグゼクティブCIOの挑戦』日経BP社.

後藤晃・鈴村興太郎編［1999］『日本の競争政策』東京大学出版会.

財団法人C&C振興財団編［2002］『デジタル・デバイド：構造と課題』NTT出版.

財団法人電気通信振興会［2003］『地域情報化ハンドブック』.

財団法人マルチメディア振興センター国際通信研究所情報通信研究部［2007］「情報通信のグローバル動向：ブロードバンド，サービス，ビジネス，市場」『海外電気通信』秋季号（第40巻4号），1-54ページ.

坂井利之・東倉洋一・林敏彦編著［2002］『高度情報化社会のガバナンス』NTT出版.

坂村健［2016］『IoTとは何か：技術革新から社会革新へ』角川新書.

櫻井通晴［1997］『管理会計（第二版）』同文舘出版.

佐々木勉［2001］「第6章 電気通信：競争下におけるユニバーサル・サービス政策　その論拠，目的と範囲」山本哲三・佐藤英善編著『ネットワーク産業の規制改革：欧米の経験から何を学ぶか』日本評論社.

佐藤尚規［2008］『インターネットビジネス業界　最新事情：日本のインターネットビジネスがまるごとわかる』技術評論社.

渋谷秀樹・赤坂正浩［2000］『憲法1 人権』有斐閣アルマ.

社団法人日本インターネットプロバイダ協会・社団法人電気通信事業者協会・社団法人テレコ

ムサービス協会・社団法人日本ケーブルテレビ連盟［2008］「帯域制御の運用基準に関するガイドライン」（5月）．

次世代IX研究会計測ワーキンググループ［2007］「次世代IX研究会計測ワーキンググループ報告書」〈http://www.resilient.jp/documents/resilient-report-20070404.pdf〉（閲覧日：2007年9月25日）．

情報通信総合研究所［2008］『情報通信アウトルック2008：NGNの時代へ』NTT出版．

末松安晴・伊賀健一［2006］『光ファイバ通信入門（改訂4版）』オーム社．

菅谷実［2014-2015］「ポストメディア融合時代のユニバーサル・サービス」『情報通信学会誌』Vol.27, No.3, 27-30ページ．

杉浦一機［2006］『航空運賃のカラクリ：半額チケットでなぜ儲かるのか』中央書院．

鈴木龍也・富野暉一郎編著［2006］『龍谷大学社会科学研究所叢書第68巻　コモンズ論再考』晃洋書房．

総務省［2002a］『情報通信白書　平成14年版』．

総務省［2002b］「地方公共団体が整備・保有する光ファイバ網の第一種通信事業者等への解放に関する標準手続き」（7月）．

総務省［2003a］『情報通信白書　平成15年版』．

総務省［2003b］「電気通信事業における重要通信確保の在り方に関する研究会報告書」（7月1日）．

総務省［2005a］『情報通信白書　平成17年版』．

総務省［2005b］「次世代ブロードバンド構想2010：ディバイド・ゼロ・フロントランナー日本への道標　参考資料3」（7月15日）〈http://www.soumu.go.jp/s-news/2005/050715_8_04_s03_03.pdf〉（閲覧日：2008年9月19日）．

総務省［2006］「次世代ブロードバンド戦略2010（案）」別添資料（6月）．

総務省［2007a］「P2Pネットワーキングの現状」ネットワークの中立性に関する懇談会，P2Pネットワークの在り方に関する作業部会第四回配布資料（2月7日）．

総務省［2007b］「ネットワークの中立性に関する懇談会報告書」（9月20日）〈http://www.soumu.go.jp/s-news/2007/070920_6.html#bt〉（閲覧日：2008年7月30日）．

総務省［2007c］「『e-Japan戦略』の今後の展開への貢献」〈http://www.soumu.go.jp/menu_seisaku/ict/u-japan/new_outline01.html〉（閲覧日：2017年9月16日）．

総務省［2008a］「我が国のインターネットにおけるトラヒック総量の把握」（2月21日）．

総務省［2008b］「平成19年通信利用動向調査」（4月18日）．

総務省［2008c］「インターネット政策懇談会　IPv6移行とISP等の事業展開に関するWG　取りまとめ」（10月20日）．

総務省［2014］「携帯電話の基地局整備の在り方に関する研究会報告書」携帯電話の基地局整備の在り方に関する研究会（3月）．

総務省［2016］「ブロードバンド基盤の整備状況（2015年3月末現在）」〈http://www.soumu.go.jp/main_sosiki/joho_tsusin/broadband/〉（閲覧日：2017年9月15日）．

総務省消防庁［2006］「IPネットワークを用いた119番通報の在り方に関する研究懇談会報告書」（3月 ）．〈http://www.fdma.go.jp/neuter/topics/houdou/180511-3/180511-3houkoku_0.pdf〉（閲覧日：2007年12月13日）．

総務省情報通信政策局地域放送課［2004］「ケーブルテレビの現状」（11月）．

総務省総合通信基盤局［2004］中間報告「ブロードバンド・ゼロ地域脱出計画（案）」全国均衡のあるブロードバンド基盤の整備に関する研究会（12月17日）．

総務省総合通信基盤局［2005］「次世代ブロードバンド構想2010」全国均衡のあるブロードバンド基盤の整備に関する研究会最終報告（7月15日）．

総務省電気通信局［2002a］「IT革命を推進するための電気通信事業における競争政策の在り方についての第二次答申」情報通信審議会報道発表資料（2月13日）．

総務省電気通信局［2002b］「IT革命を推進するための電気通信事業における競争政策の在り方についての最終答申」情報通信審議会報道発表資料（8月7日）．

総務省統計局［2001］『平成12年国勢調査』．

総務省報道資料［2002～2004］〈http://www.soumu.go.jp/menu_news/s-news/〉．
　①総務省報道発表資料［2002］「地域情報交流流通基盤整備モデル事業＜加入者系光ファイバ網設置―補助金交付決定について」（10月1日）http://soumu.go.jp/s-news/2002/021001_4.html（閲覧日：2004年8月31日）．
　②総務省報道発表資料［2002］「地域情報交流流通基盤整備モデル事業＜加入者系光ファイバ網設置―補助金交付決定について」（12月10日）http://soumu.go.jp/s-news/2002/021210_1.html（閲覧日：2004年8月31日）．
　③総務省報道発表資料［2003］「加入者系光ファイバ網設備整備事業―補助交付決定―」（8月26日）http://soumu.go.jp/s-news/2003/030826_2.html（閲覧日：2004年8月31日）．
　④総務省報道は発表資料［2004］「加入者系光ファイバ網整備事業（補助金交付決定）（8月11日）http://soumu.go.jp/s-news/2004.040811_1.html（閲覧日：2004年8月31日）．

総務省報道資料［2007］「ブロードバンドの整備状況（平成19年3月末）」（6月15日）〈http://www.soumu.go.jp/s-news/2007/070615_3.html〉（閲覧日：2007年12月13日）．

醍醐聡編著［1994］『電気通信の料金と会計』税務経理協会．

田中絵麻・三澤かおり［2007］「ユーザー投稿型映像配信ビジネスの新展開：米国，韓国」『海外電気通信』，秋季号（第40巻4号），62-74ページ．

谷脇康彦［2005］『融合するネットワーク：インターネット大国・アメリカは蘇るか』かんき出版．

谷脇康彦［2007］『インターネットは誰のものか：崩れ始めたネットの秩序』日経BP社．

土屋光弘［2008］「欧州委員会の通信規制改革提案と今後の展望」『海外電気通信』，冬季号（第

40巻5号），25-44ページ．

土屋光弘［2008］「英国の次世代アクセス待望論」『海外電気通信』，冬季号（第40巻5号），45-54ページ．

土屋光弘［2008］「Ofcomの2008/09年度計画に見る英国通信市場の展望」『海外電気通信』，April/May（第41巻1号），10-25ページ．

坪田知己［2003］「第1回 低価格ADSLを全県に：兵庫県で進行する官民共同事業」日経デジタルコア・CANフォーラム共同企画地域情報化の現場から〈http://www.nikkei.co.jp/digitalcore/local/01/index.html〉（閲覧日：2008年7月30日）．

電気通信法制研究会［1987］『逐条解説 電気通信事業法』第一法規出版．

東北総合通信局［2003］「災害時における情報通信システムの利用に関する検討会：第一次報告書～固定電話・携帯電話の輻そうに対処するためのアクションプラン～」（6月27日）．

東洋経済ONLINE［2017］「米国騒然！『ネット中立性』撤廃の真の恐怖：コンテンツによって通信速度が変わる？」（1月7日）〈http://toyokeizai.net/articles/-/199000?page=3〉（閲覧日：2018年1月7日）．

木賊智昭［2008］「情報通信ビジネスの自律的発展を目指すアフリカ地域」国際通信経済研究所研究員レポート（9月11日）〈http://www.rite-i.or.jp/kenkyuin/hoka/repo080911.htm〉（閲覧日：2008年9月13日）．

中川郁夫・米田政明・安宅彰隆［1997］「国内における地域IXの技術動向」『情報処理学会分散システム運用技術報告』Vol.97（1997-DSM-007），1-6ページ．

中川郁夫・菊池豊・大石憲且・八代一浩・樋地正浩［2003］「地域情報基盤としての地域IXの現状と展望」『情報処理学会研究会報告』Vol.2003-DSM-31-(7)，No.118，37-42ページ．

中沢順子［2006］「インドの電気通信」『InfoCom REVIEW』（情報通信総合研究所）第38号，92-98ページ．

永見健一・藤井資子・菊池豊・山本正晃・中川郁夫［2007］「遅延計測による日本のインターネットトポロジーの推定」地域ネットワーク連携シンポジウム2007 in 別府予稿集（ITRC Technical Report No.36），26-29ページ．

滑川海彦［2007］『ソーシャル・ウェブ入門：Google, mixi, ブログ…新しいWeb世界の歩き方』技術評論社．

南部鶴彦［1986］『テレコム・エコノミクス』日本経済新聞社．

南部鶴彦・西村陽［2002］『エナジー・エコノミクス 電力・ガス・石油：理論・政策融合の視点』日本評論社．

西田達昭［1995］『日米電話事業におけるユニバーサル・サービス』法律文化社．

西野文雄監修，有岡正樹・有村彰男・大島邦彦・野田由美子・宮本和明［2001］『完全網羅 日本版PFI 基礎からプロジェクト実現まで』山海堂．

日経コミュニケーション［2003］「日本発，自治体提供のFWAインターネット。福島県原町

市がNTT東と組み7月1日に開始」（6月16日）〈http://itpro.nikkeibp.co.jp/free/NCC/NEWS/20030616/4/〉（閲覧日：2009年3月1日）．
日経コミュニケーション［2003］『通信ネットワーク用語辞典03-04年版』日経BP社．
日経ネットIT&ビジネスニュース［2003］「特集 夏の電力不足問題『電話は使用できるか―NTT東日本に聞く』」〈http://it.nikkei.co.jp/it/sp/teiden.cfm〉（閲覧日：2003年7月8日）．
日経BPガバメントテクノロジー［2003］「福島県原町市 公共施設の光ネットワーク余剰分を住民に開放 無線ネット活用で広域インフラを安価に実現」9月29日号，114-119ページ．
蓼沼慶正［1999］「大都市圏の鉄道整備における公設民営による上下分離」『運輸政策研究』Vol.1, No.3, 37-46ページ．
野口悠紀雄［1974］『情報の経済理論』東洋経済新報社．
野口悠紀雄・藤井眞理子［2000］『金融工学：ポートフォリオ選択と派生資産の経済分析』ダイヤモンド社．
野田由美子［2003］『PFIの知識』日本経済新聞社．
野水学［2008a］「米国の電気通信：2007年の業界および政策をめぐる主要動向」『海外電気通信』，冬季号（第40巻5号），1-24ページ．
野水学［2008b］「米国におけるユニバーサルサービス基金改革の動向について」『海外電気通信』，April/May（第41巻1号），1-9ページ．
林紘一郎［1998］『ネットワーキング：情報社会の経済学』NTT出版．
林紘一郎・池田信夫［2002］『ブロードバンド時代の制度設計』東洋経済新報社．
林紘一郎・田川義博［1994］『ユニバーサル・サービス』中央公論社．
林紘一郎・湯川抗・田川義博［2006］『進化するネットワーキング：情報経済の理論と展開』NTT出版．
林敏彦［1992］「第1章 規制と競争の経済理論」林敏彦・松浦克己編『テレコミュニケーションの経済学：寡占と規制の世界』東洋経済新報社．
林敏彦［1994］『講座 公的規制と産業3 電気通信』NTT出版．
林敏彦編［1990］『公益事業と規制緩和』東洋経済新報社．
林敏彦編［2007］『次世代インターネットの競争政策』日本評論社．
林敏彦・松浦克己編［1992］『テレコミュニケーションの経済学：寡占と規制の世界』東洋経済新報社．
ばるぼら［2005］『教科書には載らないニッポンのインターネットの歴史教科書』翔泳社．
福家秀紀［2000］『情報通信産業の構造と規制緩和：日米英比較研究』NTT出版．
福家秀紀［2007］『ブロードバンド時代の情報通信政策』NTT出版．
藤井弥太郎［1986］「再編期の都市・都市間鉄道（鉄道再編と交通政策）」日本交通学会編『交通学研究：研究年報1986年』13-21ページ．
藤井資子［2004a］「第13回 山間の町が『日本最大の光ブロードバンドの町』になった：不可

能を打破した宮崎県木城町とNTT西日本の連携」日経デジタルコア・CANフォーラム共同企画地域情報化の現場から〈http://www.nikkei.co.jp/digitalcore/local/13/index.html〉（閲覧日：2008年7月30日）．

藤井資子［2004b］「第16回　トリプルプレーをどう活かすか：オホーツクの村，『にしおこっぺ』の果敢な挑戦」日経デジタルコア・CANフォーラム共同企画地域情報化の現場から〈http://www.nikkei.co.jp/digitalcore/local/16/index.html〉（閲覧日：2008年7月30日）．

藤井資子［2004c］「過疎地にブロードバンドを：木城町役場とNTT宮崎支店の連携によるFTTHの実現」慶應義塾大学大学院政策・メディア研究科國領二郎研究室ケース，1-16ページ．

藤井資子［2005a］「過疎地域における地元密着型ベンチャーを活用したブロードバンド通信環境整備：官民連携による条件不利地域でのブロードバンド通信環境整備」『情報通信学会誌』Vol.22, No.3, 43-50ページ．

藤井資子［2005b］「過疎地域におけるブロードバンド通信環境整備・運営形態：公設民営の成立要件」『情報通信学会誌』Vol.23, No.2, 47-59ページ．

藤井資子［2006］「第7章　プラットフォームを支える通信インフラ」丸田一・國領二郎・公文俊平編著『地域情報化：認識と設計』NTT出版，156-168ページ．

藤井資子［2007］「ライブ映像地域活用コンソーシアム2007」教材用ケース（6月）．

藤井資子・山本正晃・永見健一・菊池豊・中川郁夫［2008］「インターネットにおける通信品質の地域間格差調査：インターネットの一極集中構造がもたらす通信品質デバイド」『情報社会学会誌』Vol.3, No.1, 13-22ページ．

藤岡栄二・一瀬寛英［2008］『NGNが変えるネットワークの未来：消産逆転による企業イノベーション』毎日コミュニケーションズ．

堀雅通［2004］「鉄道の上下分離と路線使用料」『高崎経済大学論集』Vol.47, No.1, 45-57ページ．

松下圭一［1971］『シビル・ミニマムの思想』東京大学出版会．

松下圭一［1996］『日本の自治・分権』岩波書店．

松下圭一［2003］『シビル・ミニマム再考：ベンチマークとマニフェスト（地方自治土曜講座ブックレットNo.92）』公人の友社．

松田次博［1997］『フレームリレー／セルリレーによる企業ネットワークの新構築技法』日経BP社．

三次仁［2008］「SFCおよび藤沢市におけるWiMAX導入に関する基礎検討」（12月2日）．

三野靖［2005］『指定管理者制度：自治体施設を条例で変える』公人社．

宮内泰介編［2006］『コモンズを支える仕組み：レジティマシーの環境社会学』新曜社．

村井純［1995］『インターネット』岩波書店．

村井純［1998］『インターネットⅡ』岩波書店．

文世一［2005］『交通混雑の理論と政策』東洋経済新報社.
山口定・佐藤春吉・中島茂樹・小関素明編［2003］『新しい公共性 そのフロンティア 立命館大学人文科学研究所研究叢書第16輯』有斐閣.
山田聡［2001］『電力自由化の金融工学』東洋経済新報社.
山田浩之編［2001］『日本交通政策研究会双書15 交通混雑の経済分析：ロードプライシング研究』勁草書房.
山谷修作編著［1992］『現代日本の公共料金』電力新報社.
山本哲三・佐藤英善編著［2001］『ネットワーク産業の規制改革：欧米の経験から何を学ぶか』日本評論社.
山本正晃・永見健一・菊池豊・藤井資子・中川郁夫［2007］「ユーザ視点からのインターネット品質計測と解析」『信学技報』Vol.107, No.74, IA2007-5, 23-28ページ.
郵政省電気通信局［1996］「マルチメディア時代のユニバーサルサービス・料金に関する研究会報告書」（5月31日）.
郵政省電気通信局［1998］「ユニバーサルサービスの新たな確保の在り方について」（6月22日）.
吉川弘之・冨山哲男［2000］『設計学：ものづくりの理論』放送大学教育振興会.
吉田眞人［1992］「補論／公共料金の変遷」山谷修作編著『現代日本の公共料金』電力新報社, 43-48ページ.
ライブ映像地域産業活性化ワーキンググループ［2006a］「ライブ映像地域産業活性化WG活動報告」（3月22日）.
ライブ映像地域活用コンソーシアム［2006b］「防災支援ネットワークカメラシステムのご紹介」（営業資料）.

Anania, Loretta, and Richard Jay Solomon [1997] Flat-The minimalist Price, In Lee W. McKnight and Joseph P. Bailey（Eds.）, *Internet Economics*, MIT Press.
Barabasi, Albert-Laszlo, and Eric Bonabeau [2003] Scale-Free Networks, *Scientific American*, May, pp.50-59.
Barney, Jay B. [2002] *Gaining and Sustaining Competitive Advantage*, Second Edition, Pearson Education（岡田正大訳［2003］『企業戦略論【中】事業戦略編：競争優位の構築と持続』ダイヤモンド社, 34-35ページ）.
Battelle, John [2005] *The Search: How Google and Its Rivals Rewrote the Rules of Business and Transformed Our Culture*, Portfolio（中谷和男訳［2005］『ザ・サーチ：グーグルが世界を変えた』日経BP社）.
Baumol, William J., John C. Panzar, and Robert D. Willig [1982] *Contestable Markets and The Theory of Industry Structure*, Harcourt Brace Jovanovich.
Benkler, Yochai [2006] *The Wealth of Networks: How Social Production Transforms Markets and Freedom*, Yale University Press.

Botsman, Rachel, and Roo Rogers [2010] *What's Mine Is Yours: The Rise of Collaborative Consumpution*, HarperBusiness（小林弘人監修・解説，関和美訳 [2010]『シェア：〈共有〉からビジネスを生み出す新戦略』NHK出版）．

Bradley P. Stephen, and Richard L. Nolan [1998] *Sense and Respond: Capturing Value in the Network Era*, Harvard Business School Press.

Brealey, Richard A., and Stewart C. Mayers [2000] *Plinciples of Corporate Finance*, Sixth Edition, McGraw-Hill（藤井眞理子・国枝繁樹監訳 [2002]『コーポレート・ファイナンス（第6版）上・下』，日経BP社）．

CERN [1993] Statement Concerning Cern W3 Software Release into Public Domain, April 30〈http://tenyears-www.web.cern.ch/tenyears-www/Welcome.html〉（閲覧日2008年10月7日）．

Chesbrough, Henry William [2006] *Open Business Models: How to Thrive in the New Innovation Landscape*, Harvard Business School Press.

Choi, Beak-Young, Sue Moon, Zhi-Li Zhang, Konstantina Papagiannaki, and Christophe Diot [2004] Analysis of Point-to-Point: Packet Delay In an Operational Network, in proceedings of *INFOCOM*, pp.1797-1807.

Clark, David D [1997] Internet Cost Allocation and Pricing, In Lee W. McKnight and Joseph P. Bailey（Eds.）*Internet Economics*, MIT Press.

Coase, Ronald. H. [1988] *The Firm, The Market, and The Law*, University of Chicago Press（宮沢健一・後藤晃・藤垣芳文訳 [1992]『企業・市場・法』東洋経済新報社）．

Cocchi, Ron, Scott Shenker, Deborah Estrin, and Lixia Zhang [1993] Pricing in Computer Networks: Motivation, Formulation, and Example, *IEEE/ACM Transactions on Networking*, Vol.1, No.6, pp.614-627.

Cooper, W. W., G.E. Gibson Jr., Sten Thore and F. Y. Phillips（Eds）[1997] *IMPACT: How IC^2 Research Affects Public Policy and Business Markets, a Volume in Honor if G. Kezmentskey*, Quorum Books.

Crandall, Robert W., and Leonard Waverman [2000] *Who Pays for Universal Service ?: When Telephone Subsidies Become Transparent*, Brookings Institution Press（福家秀紀・栗澤哲夫監訳 [2001]『IT時代のユニバーサル・サービス：効率性と透明性』NTT出版）．

Cusumano, Michael E., and David B. Yoffie [1998] *Competing on Internet Time: Lessons from Netscape and Its Battle with Microsoft*, Free Press.

Dolan, Robert J., and Hermann Simon [1996] *Power Pricing: How Managing Price Transforms the Bottom Line*, Free Press.

Dymond, Andrew, and Sonja Oestmann [2004] A Rural ICT Toolkit for Africa, World Bank〈http://www.infodev.org/en/Publication.23.html〉（閲覧日：2008年9月13日）．

Eisenmann, Thomas, Geoffrey Parker, and Marshall W. Van Alstyne [2006] Strategies for Two-Sided Markets, *Harvard Business Review*, Oct, pp. 92-101.

Eri Noam [1992] A Theory for the Instability of Public Telecommunications System, In Cristiano Antonelli (Ed.), *The Economics of Information Networks*, North-Holland, pp.107-127.

Faloutsos, Michalis, Retros Faloutsos, and Christos Faloutsos [1999] On Power-Law Relationships of the Internet Topology, *in proceedings of SIGCOMM'99*, pp.251-262.

Florida, Richard [2005] *The Flight of The Cleative Class: The New Global Competition for Talent*, HarperCollins (井口典夫訳 [2007]『クリエイティブ・クラスの世紀：新時代の国，都市，人材の条件』ダイヤモンド社).

Garnham, Nicholas [1989] Universal Service: Objectives and Practice in International Comparison, *Die Zukunfut der telecomunikation in Europa*, pp.53-73 (香取一昭訳 [1989]「ユニバーサル・サービス：その目的と現実を国際的な比較で探る」『海外電気通信』8月号).

Gawer, Annabelle, and Michael Cusumano [2002] *Platform Leadership: How Intel, Microsoft, and Cisco Drive Industry Innovation*, Harvard Business School Press (小林敏男監訳 [2005]『プラットフォーム・リーダーシップ：イノベーションを導く新しい経営戦略』有斐閣).

Goldsmith, Jack, and Tim Wu [2006] *Who Controls the Internet ?: Illusions of a Borderless World*, Oxford University Press.

Goldsmith, Stephen, and William D. Eggers [2004] *Governing by network: the new shape of the public sector*, Brookings Institution Press (城山英明・奥村裕一・高木総一郎監訳 [2006]『ネットワークによるガバナンス：公共セクターの新しいかたち』学陽書房).

Granovetter, Mark [1983] The Strength of Weak Ties: A Network Therory Revisited, *Sociological Theory*, Vol.1, pp.201-233.

Gupta, Alok, Dale O. Stahl, and Andrew B. Whinston [1995] A Priority Pricing Approach to Manage Multi-Service Class Networks in Real-Time, paper presented at the MIT workshop on the Internet Economics, March 〈http://quod.lib.umich.edu/cgi/t/text/text-idx?c=jep;cc=jep;rgn=main;idno=3336451.0001.131;view=text〉（閲覧日：2008年10月20日）.

Gupta, Alok, Dale O. Stahl, and Andrew B. Whinston [1996] An Economic Approach to Network Computing with Priority Classes, *Journal of Organizational Computing and Electronic Commerce*, Vol. 6, Issue. 1, pp. 71-95.

Gupta, Alok, Dale O. Stahl, and Andrew B. Whinston [1997a] Priority Pricing of Integrated Services Networks, In Lee W. MacKnight and Joseph P. Bailey (Eds), *Internet

Economics, MIT Press, pp.323-352.

Gupta, Alok, Dale O. Stahl, and Andrew B. Whinston [1997b] Pricing of Services on the Internet, In W. W. Cooper, G.E. Gibson Jr., Sten Thore, and F. Y. Phillips (Eds), *IMPACT: How IC^2 Research Affects Public Policy and Business Markets, a Volume in Honor if G.Kezmentskey*, Quorum Books.

Hardin, Garrett [1968] The Tragedy of the Commons, *Science*, Vol.162, No.3859, pp.1243-1248.

Hayek, Friedrich August [1945] The Use of Knowledge in Society, *The American Economic Review*, Vol.XXXV, No.4, pp.519-530（田中真晴・田中秀夫編訳 [1986]「社会における知識の利用（第2章）」『市場・知識・自由：自由主義の経済思想』ミネルヴァ書房，52-76ページ）.

Hayek, Friedrich August [1949] *Individualism and Economic Order*, Routledge & Kegan Paul（嘉治元郎・嘉治佐代訳 [2008]『個人主義と経済秩序』西山千明・矢島鈞次監修〔ハイエク全集：新版；第1期第3巻〕春秋社）.

Higgins, Robert C. [2001] *Analysis for Financial Management*, 6th edition, McGraw-Hill（グロービス・マネジメント・インスティチュート訳 [2002]『新版 ファイナンシャル・マネジメント：企業財務の理論と実践』ダイヤモンド社）.

Holahan, Catherine [2008] Time Warner's Pricing Paradox: Proposed changes in the cable provider's free for Web use could crimp demand for download services and hurt Netinnovation, *Business Week*, (January 18)〈http://www.businessweek.com/technology/content/jan2008/tc20080118_598544.htm〉（閲覧日：2008年10月6日）.

Iacobucci, Dawn (Ed.) The Kellog Marketing Faculty, Northwestern University [2001] *Kellogg on Marketing*, John Wiley & Sons（奥村昭博・岸本義之監訳 [2001]『マーケティング戦略論：ノースウェスタン大学大学院ケロッグ・スクール』ダイヤモンド社）.

Ida, Takanori [2006] Broadband, Information Society, and The National System in Japan, In Martin Fransman (Ed.), *Global Broadband Battles*, Stanford University Press, pp. 63-86.

Jacobson, Van [1997] pathchar: a tool to infer characteristics of Internet paths, MSRI〈ftp://ftp.ee.lbl.gov/pathchar/msri-talk.pdf〉（閲覧日：2007年9月25日）.

Kahn, Brian and James H. Keller (Eds.), [1995] *Pablic Access to the Internet*, MIT Press.

Kotler, Philip, and Gary Armstrong [1989] *Principles of Marketing*, Fourth Edition, Prentice-Hall（和田充夫・青井倫一訳 [1995]『新版 マーケティング原理：戦略的行動の基本と実践』ダイヤモンド社）.

Kotler, Phillip, and Nancy Lee [2007] *Marketing in The Public Sector: A Roadmap for Improved Performance*, Peason Education（スカイライト コンサルティング訳 [2007]『社会が変わるマーケティング：民間企業の知恵を公共サービスに活かす』英治出版）.

Laffont, Jean-Jacques, and Jean Tirole [1999] *Competition in Telecommunications*, MIT Press.

Li, Charlene, and Josh Bernoff [2008] *Groundswell: winning in a world transformed by social technologies*, Harvard Business Press（伊東奈美子訳 [2008]『グランズウェル：ソーシャルテクノロジーによる企業戦略』翔泳社）.

MacKie-Mason, Jeffrey K., and Hal R. Varian [1993] Some Economics of the Internet presented for the tenth Michigan Public University at Western Michigan University, March 〈http://deepblue.lib.umich.edu/bitstream/2027.42/50461/1/Economics_of_Internet.pdf〉（閲覧日：2009年3月1日）.

MacKie-Mason, Jeffrey K. and Hal R. Varian [1995] Pricing the Internet, In Brian Kahin and James H. Keller (Eds.), *Public Access to the Internet*, MIT Press, pp.269-314.

MacKie-Mason, Jeffrey K. and Hal R. Varian [1997] Economics FAQs about the Internet, In Lee W. McKnight and Joseph P. Bailey (Eds.), *Internet Economics*, MIT Press, pp.27-62.

McKnight, Lee W., and Joseph P. Bailey (Eds.) [1997] *Internet Economics*, MIT Press.

Mueller, Milton L, Jr. [1997] *Universal Service: Competition, Interconnection, and Monopoly in the Making of the American Telephone System*, The MIT Press.

Navas-Sabater, Juan, Andrew Dymond, and Niina Juntunen [2002] Telecommunications and Information Services for the Poor: Toward the Strategy for Universal Access, *World Bank Discussion Paper*, No. 432.

Negroponte, Nicholas [1995] *being digital*, VINTAGE.

Noam, Eli [1992] A Theory for the Instability of Public Telecommunications Systems, In Cristiano Antonelli (Ed.), *The Economics of Information Networks*, North Holland, pp.107-127.

Odlyzko, Andrew [1999] Paris Metro Pricing: The Minimalist Differentiated Services Solution, in proceedings of the 1999 7th International Workshop on Quality of Service, IRRR, pp.159-161.

OECD [2001] Understanding the Digital Divide 〈http://www.oecd.org/dataoecd/38/57/1888451.pdf〉（閲覧日：2007年9月25日）.

Oi, Walter Y. [1971] A Disneyland Dilemma: Two-Part Tarrifs for a Mickey Mouse Monopoly, *The Quartely Journal of Economics*, Vol. 85, No. 1, pp.77-96.

Ostrom, Elinor [1990] *Governing the Commons: The Institutions for Collective Action*, Cambridge University Press.

Pigou, Alfred C. [2005a] *The Economics of Welfare: Volume I*, Cosimo.

Pigou, Alfred C. [2005b] *The Economics of Welfare: Volume II*, Cosimo.

Raiffa, Howard [1982] *The Art and Science of Negotiation*, Belknap Press of Harvard

University Press.

Rifkin, Jeremy [2014] *The Zero Marginal Cost Society: The Internet of Things, the Collaborative Commons, and the Eclipse of Capitalism*, St. Martin's Press（柴田裕之訳[2015]『限界費用ゼロ社会：〈モノのインターネット〉と共有型経済の台頭』NHK出版）.

Rohlfs, Jeffrey [1974] A Theory of Interdependent Demand for a Communication Service, *The Bell Journal of Economics and Management Science*, Vol.5, No.1, pp.16-37.

Schelling, Thomas C. [2006] *Strategies of Commitment and Other Essays*, Harvard University Press.

Shapiro, Carl, and Hal R. Varian [1998] *Information Rules: A Strategic Guide to the Network Economy*, Harvard Business School Press（千本倖夫監訳，宮本喜一訳 [1999]『「ネットワーク経済」の法則』IDGジャパン）.

Sundaraarajan, Arun [2016] *The Sharing Economy: The End of Employment and the Rise of Crowd-Based Capitalism*, MIT Press（門脇弘典訳［2016］『シェアリングエコノミー：Airbnb, Uberに続くユーザー主導の新ビジネスの全貌』日経BP社）.

Stiglitz, Joseph E. [1997] *Economics Second Edition*, W.W. Norton & Company（藪下史郎・秋山太郎・金子能宏・木立力・清野一治訳［2000］『スティグリッツミクロ経済学（第2版）』東洋経済新報社）.

Stross, Randall [2008] *Planet Google: One Company's Audacious Plan to Organize Everything We Know*, Free Press（吉田晋治訳［2008］『プラネット・グーグル』NHK出版, pp.36-37）.

Sullivan, Nicholas P. [2007] *You Can Hear Me Now: How Microloans and Cell Phones are Connecting the World's Poor to the Global Economy*, Jossey-Bass（東方雅美・渡辺典子訳［2007］『グラミンフォンという奇跡：「つながり」から始まるグローバル経済の大転換』英治出版）.

Surowiecki, James [2004] *The Wisdom of Crowds: Why the Many Are Smarter Than the Few and How Collective Wisdom Shapes Business, Economies, Societies and Nations*, Doubleday（小髙尚子訳［2006］「『みんなの意見』は案外正しい」角川書店）.

Tapscott, Don, and Anthony D. Williams [2006] *Wikinomics: How Mass Collaboration Changes Everything*, Portfolio（井口耕二訳［2007］『ウィキノミクス：マスコラボレーションによる開発・生産の世紀へ』日経BP社）.

Terdiman, Daniel [2005] Esquire wikis article on Wikipedia, CNET News (September 29)〈http://news.cnet.com/2100-1038_3-5885171.html〉（閲覧日：2008年10月7日）.

Tirole, Jean [2006] *The Theory of Corporate Finance*, Princeton University Press.

Tisdell, Clem [1999] Economics, Aspects of Ecology and Sustainable Agricultural Production, In Andrew K. Dragun and Clem Tisdell (Eds.), *Sustainable Agriculture and*

Environment: Globalisation and the Impact of Trade Liberalisation, Edward Elgar, pp.37-56.

U.S. Department of Commerce, National Telecommunications and Information Administration [1999] Falling Through the Net: Defining the Digital Divide 〈http://www.ntia.doc.gov/ntiahome/fttn99/contents.html〉（閲覧日：2007年9月25日）.

U.S. Department of Commerce, National Telecommunications and Information Administration [2000] Falling Through the Net: Toward Digital Inclusion. 〈http://search.ntia.doc.gov/pdf/fttn00.pdf〉（閲覧日：2007年9月25日）.

Weber, Steven [2004] *The Success of Open Source*, Harvard University Press（山形浩生・守岡桜訳［2007］『オープンソースの成功：政治学者が分析するコミュニティの可能性』毎日コミュニケーションズ）.

Wenders, John T. [1987] *The Economics of Telecommunications*, Ballinger Publishing（井出秀樹監訳［1989］『電気通信の経済学』NTT出版）.

Wiseman, Alan E. [2001] *The Internet economy: access, taxes, and market structure*, Brookings Institution Press（大村達弥・佐々木勉・佐藤浩之訳［2002］『インターネット・エコノミー』日本評論社）.

Witt, Richard S. [2004] A Horizontal Leap Forward: Formulating a New Communications Public Policy Framework Based on the Network Layers Model, *Federal Communications Law Journal*, Vol.56, No.3, pp. 587-672.

Yin, Robert K. [1994] *Case Study Research: Design and Methods*, Second Edition, SAGE Publications（近藤公彦訳［1996］『ケース・スタディの方法』千倉書房）.

Yin, Robert K. [2002a] *Case Study Research: Design and Methods*, Third Edition, SAGE Publications.

Yin, Robert K. [2002b] *Applications of Case Study Research*, Second Edition, SAGE Publications.

Yoffie, David B. (Ed.) [1997] *Competing in The Age of Digital Convergence*, Harvard Business School Press.

Zajac, Edward E. [1978] *Fairness or Efficiency: An Introduction to Public Utility Pricing*, Ballinger（藤井弥太郎監訳［1987］『公正と効率：公益事業料金概論』慶應通信）.

〔参考URL〕
＊閲覧は，2004年当時のものである。現在はURLが変わっているものもある。
北海道西興部村ホームページ〈http://www.vill.nishiokoppe.hokkaido.jp/〉
北海道倶知安町ホームページ〈http://www.town.kutchan.hokkaido.jp/town/kikakushinkou/jyouhou/jyouhou_top.jsp〉

北海道長沼町ホームページ（まおいネット）〈http://www.maoi-net.jp/〉
秋田県ホームページ〈http://www.pref.akita.jp/system/int/naiyou.htm〉
秋田県由利本荘市矢島総合支所ホームページ（YBネット）〈http://www.town.yashima.akita.jp/〉
山形県八幡町ホームページ（eなかネット）〈http://www.town.yawata.yamagata.jp/menu/menu.html〉
原町市ホームページ〈http://www.city.haramachi.fukushima.jp./jouhou/fwa2.html〉
岡山県建部町ホームページ（建部チャンネル）〈http://www.town.takebe.okayama.jp/〉
広島県大崎上島町ホームページ〈http://www.town.osakikamijima.hiroshima.jp/〉
えさしわいわいネットホームページ〈http://www.waiwa-net.ne.jp/index/gaiyou/gaiyou.html〉
ワイコム株式会社ホームページ〈http://www.wi-com.jp/〉
関西ブロードバンド株式会社ホームページ〈http://www.h555.net/〉
e-Japan戦略〈http://www.kantei.go.jp/jp/singi/it2/index.html〉
e-Japan重点計画〈http://hantei.go.jp/jp/singi/it2/index.html〉
IT用語辞典〈http://e-words.jp/〉
KDDIホームページ「用語集，アンバンドル」〈http://www.kddi.com/yogo〉

索引

A～Z

ADSL ······················· 13, 112
CATV ······················· 13, 119
FTTH ···························· 13
FWA ························· 13, 112
IoT ······························ 190
IPv6マルチプレフィックス ········· 130
IRU ······························· 22
ISP ··························· 17, 23
LLP ····························· 150
NGN ····························· 136
NTSコスト ························ 78
PFI ······························ 107
PMPアプローチ ···················· 85
QoS ······························ 99
TSコスト ·························· 79
VFM ····························· 107

あ 行

相乗り ···················· 48, 88, 142
アプリケーションレイヤー ········· 182
アンバンドル ················ 4, 22, 66

異種アプリケーション ····· 32, 88, 99, 142
一物一価（1bpsの料金は同じ）········ 82
一物多価（利用ニーズに応じて1bpsの料金
　が変わる）······················· 82
インターネット ···················· 35
インターネット・サービス・プロバイダ
　（ISP）·························· 23
インフラただ乗り論 ················ 41
インフラの民間開放 ··············· 126

ウィキペディア ···················· 64

益 ······························· 81

王権の財 ························· 58
オープン・アクセス ················ 61
オープン・アクセス・サービス ······ 33
オープン・アクセス財 ·············· 58
オプション理論 ···················· 89

か 行

外部性 ···························· 40
価格 ······························ 74
価格弾力性 ······················· 155
価格弾力性係数 ··················· 156
過疎地域のインフラ整備 ············ 14
価値創造 ···················· 30, 33, 99
監視社会 ························· 194
官民連携 ·························· 15

技術中立性 ······················· 178
期待キャパシティ・プライシング ···· 85
規模の経済性 ················· 67, 182
キャリア・ニュートラル ··········· 150
共 ······························· 190
競争中立性 ······················· 178
共同利用 ··························· i
共有 ····························· 190
共用 ····························· 190

クリームスキミング ············· 3, 69

公開（open）······················ 63
公設公営 ························· 108
公設民営 ························· 108
コモンズ ·························· 61

213

「コモンズの悲劇」 59
混雑問題 43
コンテスタビリティの理論 113
コンテンツ 182

さ 行

サービス・クラス 177
参加型経済 i
参加型ネットワーク ii, 30
参入・撤退障壁（サンク・コスト） 5

シェア 190
シェアリングエコノミー i
資源の過剰利用 59
市場メカニズム 31
自然独占性 67
支払意思 54, 168
遮断料金 78
集合知 64
従量料金制 76, 142
需要の価格弾力性 75
純粋公共財 58
純粋私有財 58
上下分離 35
勝者の総どり市場 65
冗長性 174
情報ハイウェイ 15
初期設備投資額（サンク・コスト） 23

垂直統合型 66

生存権 5
静態的プライオリティ・プライシング（優先度別料金） 84
設備被拘束性 4, 72
セル・リレー 90, 145

相互接続制度 67

損益分岐点 171
損益分岐点加入者数 120

た 行

ダークファイバ 23
帯域制御 60
帯域利用ニーズ 51
第三セクター 108
他者との需要の相互依存関係 68
多目的利用 103

地域IX 135
地上デジタル放送開始後の難視聴対策 102

通信サービスレイヤー 182

定額料金制 39, 76, 142
デジタル・デバイド 49

同一基盤 88
同一設備への相乗り 99
同軸ケーブル（CATV） 13, 112
銅線（ADSL） 13, 112
動態的プライオリティ・プライシング（優先度別料金） 84
トラヒック 47
トランジット 175, 183

な 行

内部相互補助 4, 68
難視聴対策 139

二部料金制 76

ネットワークの外部性 4, 34, 182
ネットワークの中立性 ii, 41
ネットワークの中立性問題 178

は 行

バースト・トラヒック ································· 146
パケットごとのオークション ················ 83
パブリック・ドメイン ······························· 63

ピークロード料金 ·· 77
光ファイバ（FTTH） ······················· 13, 112
表現の自由 ··· 5

複数サービスの相乗り ······························· 30
物理インフラレイヤー ···························· 182
プラスのフィードバック ·························· 65
プラットフォーム ···························· 36, 182

ページランクアルゴリズム ····················· 63
ベストエフォート ······································· 55
ベンチャー ··· 2

ま 行

埋没費用（サンク・コスト）···················· 5

民設民営 ·· 108

無線（FWA）······································ 13, 112

や 行

有限責任事業組合（LLP）···················· 150
ユーザによる価値創造 ······························· 60
ユーザによる価値創造ネットワーク ······· 44
優先度 ·· 30
優先度概念 ··· 32, 142

ユニバーサルサービス ······················ ii, 2, 69

ら 行

ライフライン ··· 5
ラストワンマイル ······································· 23
ラムゼー価格 ·· 75

リアル・オプション ··································· 89

レイヤー化 ··· 31
レイヤー間分業 ·· 99

わ 行

わがまま通信 ··· 153

【著者紹介】

藤井　資子（ふじい　よりこ）

熊本県立大学総合管理学部准教授，博士（政策・メディア）慶應義塾大学。
大学卒業後，日本電信電話株式会社およびNTTコミュニケーションズ株式会社に勤務。その後，退職し，2002年4月慶應義塾大学大学院経営管理研究科修士課程に進学。2004年3月同研究科修士課程修了。2004年4月より慶應義塾大学大学院政策・メディア研究科後期博士課程に進学。2007年3月同研究科博士課程単位取得退学。2009年，博士（政策・メディア）取得。中央大学総合政策学部兼任講師（「政策と科学」を担当），慶應義塾大学大学院・政策メディア研究科特別研究助教（非常勤）等を経て，2012年より現職。

〈主な業績〉

「参加型ネットワークの持続的提供における優先度概念の有効性」『情報通信学会誌』Vol. 27 No. 4，2010年〔情報通信学会第12回論文賞佳作〕

「コモンズのビジネスモデル：インターネットでのボランタリーな価値創造とビジネスの両立」情報社会学会，2010年〔情報社会学会プレゼンテーション賞受賞，2010年6月〕

「過疎地域におけるブロードバンド通信環境整備・運営形態：公設民営の成立要件」『情報通信学会誌』Vol. 23 No. 2，2005年〔情報通信学会第7回論文賞佳作（優秀賞なし），2006年〕

「通信事業における次世代ユニバーサルサービスの設計」慶應義塾大学大学院経営管理研究科修士課程学位論文，2003年〔第20回電気通信普及財団賞（テレコム社会科学学生賞）受賞，2005年〕

平成30年2月27日　　初版発行　　　　　略称：参加型ネットワーク

参加型ネットワークのビジネスモデル
―シェアリングを成功に導く優先度概念―

著　者　Ⓒ藤　井　資　子
発行者　　中　島　治　久

発行所　同文舘出版株式会社

東京都千代田区神田神保町1-41　　　　　〒101-0051
電話　営業(03)3294-1801　　　編集(03)3294-1803
振替 00100-8-42935　　　　　http://www.dobunkan.co.jp

Printed in Japan 2018　　　　　　　　　　製版：一企画
　　　　　　　　　　　　　　　　　　　印刷・製本：萩原印刷

ISBN978-4-495-39017-4

JCOPY 〈出版者著作権管理機構 委託出版物〉
本書の無断複製は著作権法上での例外を除き禁じられています。複製される場合は，そのつど事前に，出版者著作権管理機構（電話 03-3513-6969，FAX 03-3513-6979，e-mail: info@jcopy.or.jp）の許諾を得てください。